开关类设备故障案例分析

程志万　马宏明　彭兆裕　陈宇民　等 编著

科学出版社

北 京

内 容 简 介

　　本书收集了云南电网有限责任公司各变电站中典型的、参考价值较高的断路器、组合电器、隔离开关事故（故障）案例，通过对事故前后的保护动作情况、电气试验情况、设备解体情况、关键零部件理化检测和仿真数据等进行系统分析，归纳总结出事故处理和分析的方法，提出了有针对性的处理措施，具有较高的实践指导意义。

　　本书可供从事电力设备设计制造、技术监督及运行维护的技术和管理人员使用，也可供电力类院校的教师和学生阅读参考。

图书在版编目(CIP)数据

开关类设备故障案例分析 / 程志万等编著. —北京:科学出版社, 2020.4
ISBN 978-7-03-060653-2

Ⅰ.①开…　Ⅱ.①程…　Ⅲ.①开关电源–故障修复　Ⅳ.①TN86

中国版本图书馆 CIP 数据核字 (2019) 第 037585 号

责任编辑：叶苏苏 / 责任校对：彭　映
责任印制：罗　科 / 封面设计：墨创文化

科学出版社 出版
北京东黄城根北街16号
邮政编码：100717
http://www.sciencep.com

四川煤田地质制图印刷厂 印刷
科学出版社发行　各地新华书店经销
*

2020 年 4 月第　一　版　开本：B5 (720×1000)
2020 年 4 月第一次印刷　印张：8
字数：162 000

定价：99.00 元
(如有印装质量问题,我社负责调换)

编辑委员会

前　言

众所周知，高压开关是构成电力系统的关键设备，主要包括断路器、组合电器和隔离开关。一方面 110kV 及以上电力系统中高压开关设备约占电力设备总数的 50%，具有数量多、分布广的特点；另一方面，高压开关设备在电网中担负着控制、保护和隔离的重要职能。因此，高压开关设备的健康状态对电网的安全稳定运行至关重要。高压开关设备一旦发生故障，如果不能及时有效地控制和处理，将可能造成设备损坏、系统稳定性变差，甚至导致电网瓦解或大面积停电。

为及时总结经验教训，提高设备技术监督和运维人员的业务素质，防止类似事故重复发生，或者事故发生后能快速隔离及有效处理，本书特收集了云南电网有限责任公司内的断路器、组合电器、隔离开关典型故障案例，以图文并茂的形式，介绍了案例发生的过程，深入剖析故障产生的原因，提出了切实有效的处理措施，供读者学习和借鉴。

本书由云南电网有限责任公司电力科学研究院程志万、马宏明、彭兆裕、何顺、马仪、杨明昆、钱国超、邱鹏锋、黄星、龚泽威一等及云南电网有限责任公司陈宇民、张恭源撰写。全书由程志万、马宏明进行统稿，钱国超对全书进行了审阅，陈宇民、张恭源、马仪、黄星、周仿荣、邹德旭、彭庆军、崔志刚、马御棠等专家对撰写工作给予了大力支持和帮助，在此深表敬意，谨致谢意。

本书编辑出版过程中，得到云南电网有限责任公司电力科学研究院的领导和专家的大力支持与指导，在此一并致谢。

由于技术水平和时间有限，本书难免存在疏漏之处，恳请各位专家及读者不吝赐教，不胜感谢。

作者

2020 年 2 月

目　　录

第1章　高压开关简介

高压开关设备作为电网中的主要动态设备，多数工作于户外环境，由于制造工艺参差不齐、运行环境多变、检修维护不及时、不到位等情况，容易出现各种故障，严重影响电网安全稳定运行[1-5]。

电力系统中用量较多的高压开关设备有高压断路器、气体绝缘金属封闭开关设备(简称组合电器或 GIS)和高压隔离开关，其运行、维护情况与整个电力系统的可靠性密切相关，一旦发生故障，可能导致设备损坏，影响电网稳定性，甚至威胁作业人员的生命安全[6-11]。

1.1　断　路　器

高压断路器属于快速瞬动式设备，不仅可以切断和接通正常情况下高压电路中的空载电流和负荷电流，还可以在系统发生故障时，与保护装置及自动装置相配合，迅速切断故障，防止事故扩大，保证系统的安全运行[10,11]。高压断路器在变电站、开关站等分布广泛、数量巨大，其工作的可靠程度直接影响整个电网的可靠性。

根据统计，断路器的缺陷类型主要包括一次接线发热、操动机构机械故障、操动机构储能故障、SF_6 气体异常、开关拒动、分合闸线圈电阻烧坏、控制回路缺陷、密度继电器损坏及其他故障(含计数器损坏、观察窗模糊、机构箱漏水、分合闸指示灯损坏等)[12-15]。其中，发生较多的缺陷有 SF_6 气体异常(泄漏)和操动机构储能故障，如图 1-1 所示。

1. 高压断路器的结构

高压断路器从结构功能上可分为导电部分、灭弧部分、绝缘部分、操动部分。

(1)导电部分：主要包括主触点(或中间触点)及各种形式的过渡连接。其作用是通过工作电流或短路电流。

(2)灭弧部分：主要包括动、静弧触点，喷嘴及气缸等。其作用是提高熄弧能力，缩短燃弧时间。

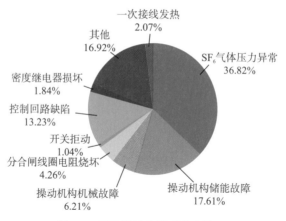

图 1-1   断路器缺陷类型分布情况

（3）绝缘部分：主要包括真空、SF_6 气体或环保气体等绝缘介质、瓷套和绝缘拉杆等。其作用是保证导电部分对地、断口之间具有良好的绝缘状态。

（4）操动部分：主要是指各种形式的操动机构和传动机构。其作用是实现按规定的操作程序，使断路器能够保持在相应的分、合闸位置。

图 1-2 所示为常见的瓷柱式六氟化硫断路器，断路器本体结构分为上、下两部分，上半部分主要是灭弧室，每一极柱为一气密单元。极柱自上而下，分为上出线板、灭弧室、下出线板、支柱瓷套、绝缘拉杆、拐臂箱等。

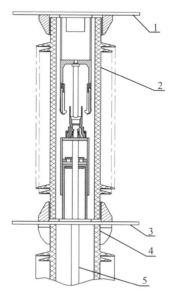

1—上出线板；2—灭弧室；3—下出线板；
4—绝缘拉杆；5—支柱瓷套

图 1-2   瓷柱式六氟化硫断路器结构

2. 高压断路器的分类

高压断路器根据使用环境、灭弧介质、操动机构、断口数量等不同,可以分为以下几种类型[16-18]。

(1)根据高压断路器安装运行地点,可以分为户外和户内两种。

(2)根据使用的灭弧介质不同,可以分为油断路器(多油断路器、少油断路器)、六氟化硫断路器、压缩空气断路器、真空断路器等。目前,市场上的高压产品主要以六氟化硫断路器为主,中低压产品主要以真空断路器为主。

(3)根据操动机构不同,可以分为弹簧机构、液压弹簧机构、液压机构、气动机构、电动机构等。220kV 及以下电压等级主要装配弹簧机构,500kV 及以上电压等级主要装配液压弹簧或液压机构。

(4)根据断口数不同,可分为单断口、双断口、多断口断路器。其中,双断口多用于超高压或特高压设备,多断口主要用于高压真空断路器中。

3. 高压断路器常见故障

高压断路器常见故障有绝缘故障、拒动故障、误动故障、载流故障和泄漏故障等[19-20]。

(1)绝缘故障:可分为内绝缘故障和外绝缘故障两个方面。其中,内绝缘故障是断路器在运行时因内部出现异物、绝缘件脏污、绝缘件气隙等导致断路器本体发生放电现象;外绝缘故障是指因瓷套脏污、瓷套爬电比距不符合要求等引发的外部闪络故障。

(2)拒动故障:主要由机械和电气故障两个方面所致。其中,机械故障是指由生产制造、安装调试、运行维护等环节引发的故障;电气故障是指由控制或辅助回路引发的故障。

(3)误动故障:由二次回路、操动机构缺陷所致。二次回路故障主要由端子排受潮、二次元器件损坏等引发。操动机构故障主要由储能故障、弹簧预压缩量不当、分合闸保持掣子缺陷等引发。

(4)载流故障:主要是由触点接触不良过热或引线过热而造成的。

(5)泄漏故障:主要分为本体气体泄漏和机构液体(或气体)泄漏。

1.2　组　合　电　器

组合电器是将断路器、隔离开关、接地开关、避雷器、电压互感器(TV)、电流互感器(TA)、母线等电气基本功能器件封闭组合在充有高耐电强度的六氟化硫气体的接地金属容器内，金属容器的各气室间用盆式绝缘子进行隔离，从而取代传统空气绝缘的敞开式电气设备[21-23]。由于组合电器具有体积小、环境影响因素小、维修周期长和运行可靠性高等优点，因此在电网中得到广泛应用[24-26]。图 1-3 所示为采用组合电器的变电站现场。

图 1-3   采用组合电器的变电站现场

图 1-4 所示为组合电器各类故障的统计结果，故障类型主要包括 SF_6 气体压力异常、操动机构储能故障、操动机构机械故障、控制回路故障、分合闸线圈电阻烧坏、密度继电器损坏和一次接线发热及其他故障。发生较多的缺陷有 SF_6 气体压力异常，占比 55.20%。

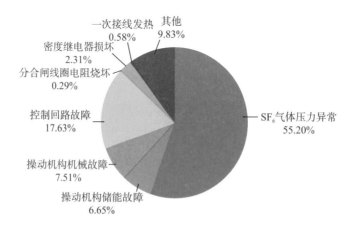

图 1-4   组合电器各类故障的统计结果

1. 组合电器的结构

组合电器主要由断路器、隔离开关、接地开关、母线、电流互感器、电压互感器、避雷器、就地控制柜、终端元件、SF$_6$气体、电缆终端等构成[27]。

图 1-5 所示为组合电器组成间隔示意图，该间隔的组合电器整体结构形式为主母线三相共箱式，其余元件为分箱式结构。该间隔主要由双母线气室、母线侧三工位隔离/接地开关气室、断路器操动机构、电流互感器气室、出线侧三工位隔离/接地开关气室和汇控柜组成。各气室之间通过盆式绝缘子进行隔离和封闭，方便针对性运维检修。

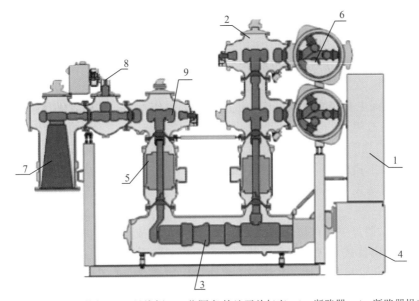

1—汇控柜；2—母线侧三工位隔离/接地开关气室；3—断路器；4—断路器操动机构；5—电流互感器气室；6—主母线；7—电缆终端；8—快速接地开关；9—出线侧三工位隔离/接地开关气室

图 1-5　组合电器组成间隔示意图

2. 组合电器的分类

组合电器根据母线布置方式、装配结构、安装运行地点、绝缘介质等不同，可以分为以下几种类型[28]。

(1)按母线布置方式，可以分为 GIS 设备和 HGIS 设备。HGIS 与 GIS 基本相同，但它不包括母线设备，其优点是母线不装于 SF$_6$气室，是外露的，因而接线清晰、简洁、紧凑，安装及维护检修方便，运行可靠性高。

(2)按装配结构，可以分为全三相共箱型、主母线三相共箱、全三相分箱型。全三相共箱型主要用于 110kV 及以下电压等级。全三相分箱型主要用于 500kV 及以上电压等级。

(3)按安装运行地点，可以分为户外和户内两种。

(4)按绝缘介质，主要分为六氟化硫和环保气体两种绝缘介质。目前在用产品主要以六氟化硫为主，环保气体型尚处于试点应用阶段。

3. 组合电器常见故障

组合电器常见故障有局部放电、气体泄漏、操动机构、绝缘件(盆式绝缘子、绝缘拉杆和支撑件)和二次回路故障[29-31]。

(1)局部放电：主要分为自由颗粒放电、气隙放电、金属尖端放电和悬浮放电等故障。

(2)气体泄漏：主要分为组合电器本体泄漏和操动机构泄漏。本体泄漏主要是指因紧固不足、压力过大、密封件老化或受损等导致密封性能下降引起的气体泄漏故障。机构泄漏主要是指气动机构、液压机构因操作不当、机构老化等原因引起的机构漏气/油故障。

(3)操动机构故障：主要包括机构卡涩、传动故障、分合闸掣子不能稳定保持等。机构卡涩主要由机构老化、操作磨损或操作不当引起；传动故障主要由传动件断裂、传动失效等引起；分合闸掣子不能稳定保持主要是因撞击导致变形引起的。

(4)绝缘件故障：主要有盆式绝缘子故障、绝缘拉杆故障和支撑件故障。盆式绝缘子故障一般由盆式绝缘子内有气隙、浇注不均、表面脏污等自身质量问题引起。绝缘拉杆是传动机构部件，其故障主要由操作疲劳、操作不当、自身质量问题等引起。支撑件多半由自身质量问题或外力破坏导致发生故障。

(5)二次回路故障：主要包括受潮引起的锈蚀、接触不良，机构振动引起的导线松脱或断裂等故障。

1.3　隔　离　开　关

在电力系统中，高压隔离开关是用量最大的一种，一般是高压断路器用量的 2~4 倍。高压隔离开关通常与高压断路器配合使用，主要用于倒闸操作、隔离电源或分合小负荷设备。因为它没有专门的灭弧结构，所以不能用来开断负荷电流和短路电流[32,33]。

高压隔离开关的结构原理相对简单、使用量大、工作可靠性要求高，但供电局对其重视程度远不如变压器、断路器，其加工工艺、安装调试和质量控制往往被生产部门忽视。

隔离开关的主要用途可以总结为 3 个方面：隔离电压、切换电路(倒闸操作)、切合小电流[34,35]。

图 1-6 所示为隔离开关故障类型统计情况，隔离开关的故障类型主要包括操动机构故障、传动机构故障、二次回路故障、一次回路发热、一次回路故障及其他故障。其中发生较多的故障为一次回路发热，占比 28%。

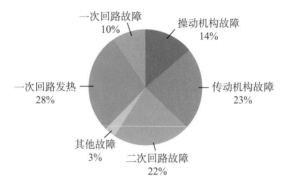

图 1-6　隔离开关故障类型统计情况

1. 高压隔离开关的结构

隔离开关结构简单，无灭弧装置，处于断开位置时有明显的断开点，其分、合位置很直观。按结构功能划分，隔离开关主要由导电部分、绝缘部分、传动部分、底座部分组成[36,37]。

(1)导电部分：主要包括静触点和动触点。

(2)绝缘部分：隔离开关的绝缘主要有对地绝缘和断口绝缘两种。对地绝缘一般由支持绝缘子和操作绝缘子构成。断口绝缘具有明显可见的间隙断口，绝缘必须稳定可靠，通常以空气为绝缘介质。

(3)传动部分：主要包括主轴、连杆、拐臂、操作绝缘子(又称为转动绝缘子或拉杆绝缘子)等。

(4)底座部分：主要由钢架组成。支持绝缘子(又称为支柱绝缘子)或套管绝缘子及传动主轴都固定在底座上，底座应接地。

图 1-7 所示的是常见的 GW7B-252 隔离开关，为三柱水平断口闸刀翻转式结构，整个传动链由基座、四连杆机构、中间转动绝缘支柱、翻转机构和触点夹紧机构等组成。

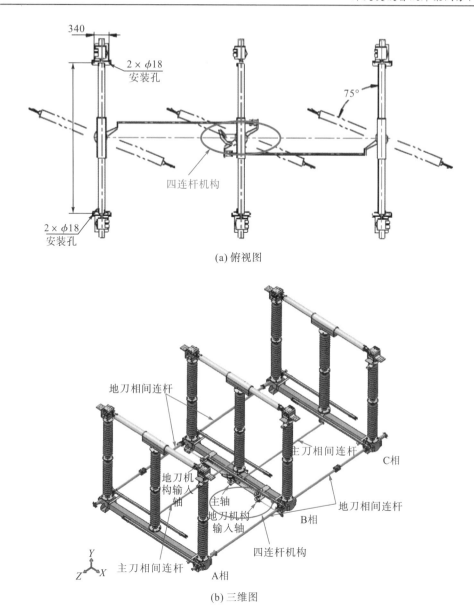

(a) 俯视图

(b) 三维图

图 1-7   三柱水平翻转式隔离开关

其中，基座加四连杆机构起到支撑和运动输入作用，四连杆机构将电动机操动机构输入的旋转运动传递到中间转动绝缘支柱上带动绝缘支柱、导电管、翻转机构旋转，翻转机构在主刀即将抵达合闸位置时，带动导电管和主刀一起翻转约45°，然后由静触点上的触点夹紧机构通过触指、触指弹簧对主刀进行夹紧，可靠地保持在合闸位置。

2. 高压隔离开关的分类

隔离开关的分类方法众多，下面主要从绝缘支柱数、运动方式、安装运行地点、是否带接地开关、极数、操动机构和用途等进行分类，结果如下。

(1)按绝缘支柱数可分为单柱式、双柱式和三柱式 3 种。

(2)按运动方式可分为水平旋转式、水平伸缩式、垂直伸缩式和插入式 4 种。

(3)按安装运行地点可分为户内式和户外式两种。

(4)按是否带接地开关可分为有接地隔离开关和无接地隔离开关两种。

(5)按极数可分为单极式和三极式两种。

(6)按操动机构可分为手动、电动等。

(7)按用途可分为一般用、快速分闸用和变压器中性点用 3 种。

3. 隔离开关常见故障

隔离开关常见故障主要有隔离开关导电回路发热、操动机构缺陷、瓷瓶断裂和控制回路故障等[38-41]。

(1)导电回路发热：主要包括隔离开关设备线夹(一次端子)、触点发热等。一般是因为接头部分螺丝松动或触点夹紧力不足，导致接触电阻过大而产生发热；或者因为接触面在电流和电弧的热作用下，产生氧化铜膜和烧伤痕迹，导致接触电阻变大而造成发热故障。

(2)操动机构缺陷：主要包括操动部分缺陷和传动部分缺陷。操动部分缺陷多数由机构锈蚀、卡涩、检修调试未调好等原因引起；传动部分缺陷主要由锈蚀、卡涩引起隔离开关分、合困难或不到位。

(3)瓷瓶断裂：主要由瓷瓶本身质量问题、安装质量问题或运行维护不足所致。

(4)控制回路故障：表现在二次控制回路中，主要有直流回路接地、交流回路短路、操作回路有关接点、按钮接触不良，微动开关接触不良、不能正确切换或操作电源熔断器、保险丝熔断等故障。

第 2 章　敞开式断路器

2.1　断路器操动机构卷簧故障

1. 故障情况简介

2011 年 1 月 18 日，220kV 某线 A 相线路故障跳闸，重合闸不成功，经检查发现 220kV 某线 231 断路器 A 相合闸储能弹簧折断、合闸线圈及合闸掣子烧毁。

2. 故障检查情况

(1)外观检查。

对故障断路器进行检测，发现其合闸弹簧断裂、合闸线圈烧毁，如图 2-1 和图 2-2 所示。

图 2-1　断路器合闸弹簧图　　　　图 2-2　断路器合闸线圈及合闸掣子灼烧痕迹

从图 2-1 和图 2-2 中可以看出，231 断路器 A 相合闸储能弹簧已断，断口位置在合闸弹簧卡槽端部，与卡槽端部平齐，合闸弹簧的衬片已严重变形，挤压在一起。231 断路器 A 相合闸线圈严重烧毁，合闸掣子金属材料上有明显的灼烧痕迹。

(2)合闸弹簧材料分析。

在更换 231 断路器合闸弹簧后，对发生断裂的弹簧进行了相关分析，情况如下。

观察弹簧的两侧断口。断口平齐光亮，无明显的塑性变形，整个断口呈脆性断裂特征。

A、B 侧断口特征基本对称，选 A 侧进行分析，如图 2-3 所示。

图 2-3　A 侧断口裂纹

肉眼可看到断口弹簧外弧面有一明显的月牙状黑色区域，该区域长为 5mm，深约为 1mm，距卷簧外侧边缘 19mm。自该区域断口呈放射状向内壁和左右两侧扩展，从裂纹走向分析，该月牙状黑色区域即为裂纹源，在断口上未观察到其他的裂纹源，属单一裂纹源断裂。

从图 2-3 中可以看到，断口裂纹源有一条起自外壁的深约 1.2mm 的裂纹，在裂纹走向上卷簧外壁局部可看到断续的细小的裂纹。

图 2-4 所示为 A 侧断口的裂纹扩展区，在断口上可以看到明显的贝纹状花样，该花样为疲劳裂纹扩展的主要特征，粗略计数，肉眼可见 40 余条疲劳条纹，断口上众多的疲劳条纹反映出断裂经历了多次应力变化。

图 2-4　A 侧断口的裂纹扩展区

通常，一条疲劳条纹即对应一次应力的变化，弹簧在动作或操作时应力会发生明显的改变，因此观察到的扩展区众多的疲劳条纹对应着弹簧机构的多次操作。

此外，通过对最外圈的卷簧表面进行磁粉和渗透检测，检测出卷簧表面存在多条裂纹。

3. 故障原因分析及处理措施

(1) 故障原因分析。

通过对 231 断路器 A 相弹簧断口进行分析，可以明确 231 断路器由于合闸弹簧卷簧制造质量不佳，在镀锌之前表面就已经形成了众多的裂纹，加之卷簧断裂部位的应力较大，在运行中裂纹自裂纹源处发展并最终导致弹簧断裂。弹簧制造质量不良、出厂检验控制不到位是造成此次断路器拒合故障的主要原因。

(2) 处理措施。

该机构的另外几次合闸弹簧断裂均是在基建调试过程中或调试后不久就发生的。由于该型断路器的储能位置并不能反映弹簧是否发生了断裂，因此各单位对于新投运的、操作次数较少(合闸操作少于 200 次)的采用 BLK222 操动机构的断路器应加强关注。

2.2　合闸掣子抗冲击力不足导致的合后即分故障

1. 故障情况简介

2012 年 12 月，500kV 某变电站 220kV 线路的 244 断路器进行预防性试验，试验过程中，断路器合闸后发生跳闸，经检查为 B 相合闸后立即跳闸，导致三相不一致跳开断路器。

2. 故障检查情况

(1) 合闸速度测试检查。

利用 SA10 断路器动作特性测试仪进行分、合闸速度测试,发现其合闸速度(规定值为 7.4～7.8 m/s)超过规定值，后增加分闸弹簧压缩量，加大分闸弹簧输出功率后(分、合闸速度均合格)，合后即分情况消失。

(2) 分闸掣子检查。

多次操作存在隐患的断路器，进行故障重现，同时利用高速摄像机对操动机构进行拍摄，捕捉合后即分具体过程。

BLK222 型弹簧机构的分闸掣子结构如图 2-5 所示。发生合后即分现象时，其分闸掣子相关零部件和分闸拐臂运动情况如图 2-6 所示。

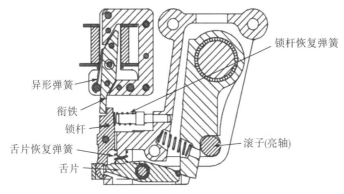

锁杆恢复弹簧

异形弹簧

衔铁

锁杆

舌片恢复弹簧

舌片

滚子(亮轴)

图 2-5　分闸掣子结构

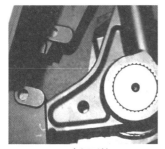

(a) 合闸开始

(b) 合闸拐臂带动分闸拐臂
顺时针运动

(c) 分闸拐臂运动到合闸行程末端

(d) 分闸拐臂触碰到滚子
(注：正常情况下，分闸拐臂被滚子
锁定在合闸位置，合闸结束)

(e) 由于分闸拐臂受到滚子带来的振动，衔铁向右运动并碰撞到
锁杆，锁杆倾斜约4°，舌片失去闭锁

(f) 舌片失去闭锁，滚子向左运动

(g) 分闸拐臂失去滚子的锁定，发生合后即分故障

图 2-6　高速摄像下合后即分过程

　　利用高速摄像机发现在合闸过程中，分闸掣子衔铁、锁杆存在较大的晃动，且有一定概率造成衔铁向右运动并碰撞到锁杆，锁杆运动导致舌片失去闭锁，导致断路器分闸，即出现合后即分故障。

3. 故障原因分析及处理措施

　　(1) 故障原因分析。

　　从高速摄像结果来看，造成合后即分现象的原因主要是：合闸过程中的振动导致衔铁向右运动并碰撞到锁杆，锁杆运动导致舌片失去闭锁，最终导致断路器分闸，即该型断路器合后即分故障与振动有关。其故障原因可分为外因和内因：外因为异常情况(合闸速度过高、机构箱体振动大等)造成合闸过程中振动过大；内因为分闸掣子抗冲击能力不足。

　　(2) 处理措施。

　　厂家技术人员将旧版分闸掣子更换为新版分闸掣子。更换后经多次操作，未发生合后即分故障。

　　升级改造后的新版分闸掣子，其抗冲击能力明显提升，主要表现在异性弹簧、锁杆恢复弹簧、舌片恢复弹簧性能增强。其中，异性弹簧的直径由 1mm 增大为1.2mm；锁杆恢复弹簧更换为其他材质的弹簧，且直径加粗；舌片恢复弹簧匝数增多，且直径加粗。利用高速摄像机多次拍摄合闸过程中新版分闸掣子的状态发现：新版分闸掣子的衔铁、锁杆也存在不同程度的晃动，但其幅度明显低于旧版分闸掣子。

为彻底解决该隐患，需对该型断路器进行速度测试，并更换新版分闸掣子。针对更换新版分闸掣子，可采取的措施有两种：直接更换新版分闸掣子；采用轮替工厂检修的方式，逐步修理旧版分闸掣子。

2.3 断路器合闸电阻爆炸故障

1. 故障情况简介

2011 年 3 月 7 日，为配合 500kV 某回线串补短路试验，按调度要求对线路进行停电转检修操作，9 时 30 分 05 秒，500kV 某变电站 5653、5652 断路器处热备用状态，运维人员现场检查位置正确；9 时 55 分对侧 500kV 某变电站操作 XXⅠ回线 5353、5352 断路器分闸，随后某变电站运维人员看到 5653 断路器Ⅱ段母线侧合闸电阻有烟雾出现，接着出现弧光和爆炸。

2. 故障检查情况

(1)现场检查情况。

故障设备转检修后现场检查发现：5653 断路器Ⅱ段母线侧合闸电阻爆炸（图 2-7），线路端电阻掉落在地，静触点保护罩有明显电弧灼烧痕迹（图 2-8），线路侧灭弧室瓷瓶外表面有闪络痕迹（图 2-9），瓷套碎片导致 A、B 相瓷瓶部分受损（图 2-10）。

图 2-7 合闸电阻　　　　　　　图 2-8 静触点保护罩灼烧痕迹

图 2-9　灭弧室瓷瓶外表面闪络痕迹   图 2-10　相邻相瓷瓶部分受损

(2) 保护动作情况。该线线路电抗器中性点小抗过流 II 段保护动作,持续时间 10s。

(3) 故障录波情况。该线分闸操作完成后经过约 118ms,500kV 5653 断路器电流互感器(TA)出现第一次电流脉冲,在此后的 0~20s 又出现了多次类似的电流脉冲,间或有持续短时振荡电流。

整个录波过程中,5653 断路器断口承受最高电压约为 780kV,首次出现故障电流时断口电压约为 600kV(峰值),断路器的均压电容为 1600pF,按此考虑,此时每个断口的承压为 212kV(有效值)。

(4) 断路器工厂试验和解体检查情况。

为查明故障原因,对故障中损坏的 500kV 5653 断路器 C 相进行了试验和解体检查工作。

①试验情况。对 5653 断路器 C 相本体进行相关试验。试验结果表明:故障断路器两侧主断口和线路侧合闸电阻工频耐压(干试)均满足要求;合闸电阻值测试结果符合技术规范要求,且在电阻片压紧结构松动情况下测试其阻值无明显变化;并联电容的电容值和介损值测试结果满足技术要求。

②断路器解体检查情况。解体检查发现,故障侧合闸电阻动触点及金属环罩有电弧灼烧痕迹(图 2-11),从动端合闸电阻基座数第一层、第十层和最外一层电阻阀片已破损(图 2-12)。

图 2-11　金属环罩有电弧灼烧痕迹   图 2-12　电阻阀片破损

动端第四层和第五层电阻片结合处有银白色金属颗粒(为电阻阀片表面镀银层在过热情况下熔解析出)(图 2-13);在电阻片拆除过程中发现电阻片及片间接触铜片有明显的长时通流过热迹象(图 2-14)。

图 2-13　电阻阀片侧视　　　　　　　　　图 2-14　电阻阀片俯视

此外,检查还发现故障侧合闸电阻动端下部有明显的电弧灼烧痕迹,故障侧合闸电阻连接动触点确已在分闸到位位置,合闸电阻机构动作正常。

3. 故障原因分析及处理措施

(1)故障原因分析。

通过对故障录波、现场检查情况、断路器工厂解体和试验情况的分析,可排除过电压、外部污闪及断开故障,判断此次断路器的故障是由合闸电阻受力损坏开裂引起的。

故障的详细过程应为:在设备操作或动静触点不对中产生的撞击等相关力的作用下,有破损的电阻碎片掉落到合闸电阻绝缘瓷套底部,并在操作(或该地区频繁地震)震动和电场力的作用下逐渐向合闸电阻绝缘瓷套中部移位,造成故障前动静触点间隙附近有电阻碎片存在。在此次断路器操作断开德博 I 回线时,5653 断路器断口开始承受母线侧运行电压与线路侧振荡衰减残压之间的压差,由于电阻碎片存在间隙附近导致局部电场畸变,引起局部放电并在合闸电阻下部和瓷套内底部之间起弧,使得合闸电阻内绝缘进一步劣化,在断路器断开后约 118ms 时,合闸电阻内部间隙被击穿,进而导致线路侧灭弧室外闪络,最终造成母线侧合闸电阻长时接入而故障。

经分析,合闸电阻损坏原因为该型断路器合闸电阻在整体结构的力学设计和电阻片材料选用上存在不足。在工厂装配过程中的工艺控制和质量控制方面也需要改善和提高。

(2)处理措施。

结合停电机会对该型断路器合闸电阻进行预防性试验,并利用 X 射线检测内部合闸电阻是否完好，发现异常及时进行处理。

2.4　断路器灭弧室绝缘故障

1. 故障情况简介

2013 年 4 月 4 日，220kV 某变电站 110kV 某线路第三次充电正常等待同期并网的过程中，170 断路器 C 相发生击穿现象；10s 后，该现象再次发生，故障电流约为 1400A。

2. 故障检查情况

(1)故障断路器现场检查情况。

①外观检查。对 170 断路器本体进行外观检查，支持瓷瓶和灭弧室瓷瓶外表面干净，无破损伤痕，无闪络痕迹。SF_6 气体压力正常，断路器处于正常分位，机构检查正常。

②试验情况。对 170 断路器进行气体成分分析，从检测结果来看，CF_4 和 SO_2 含量已经超标。进行机械特性测试，数据无异常，对断口进行工频耐压试验，试验通过。

③开盖检查。现场对 170 断路器故障相进行开盖检查。将 C 相灭弧室上端顶盖打开，并拆下吸附剂罩，顶盖与吸附剂罩均正常。对静触点进行对中检查，对中正常。取下静触点侧，经检查，屏蔽罩烧蚀严重，有破损(图 2-15)。触指内表面覆盖有粉尘；静弧触点外观正常；灭弧瓷套内壁上有大量的白色粉尘，喷口内表面正常，干净无杂物。

图 2-15　静触点烧蚀情况

（2）故障断路器解体检查情况。

拆除灭弧室瓷瓶与支撑瓷瓶的连接螺栓，经检查，绝缘拉杆与动触点导气拉杆连接正常。

拆除中间法兰与灭弧室瓷瓶的固定螺栓，将整个下电流通道抽出。经检查，喷口外表面烧蚀严重，有明显的爬电痕迹；喷口内表面正常。经测量，弧触点尺寸正常。压气缸内外及触指均正常，如图 2-16～图 2-18 所示。

图 2-16 动触点侧和压气缸

图 2-17 喷口外表面烧蚀情况

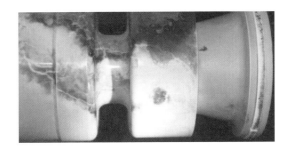
图 2-18 喷口外表面爬电痕迹

拆除上法兰与灭弧室瓷瓶的连接螺栓，将整个上电流通道抽出。经检查，静触点侧屏蔽罩烧蚀严重，有破损；触指内表面覆盖有粉尘；静弧触点外观正常，如图 2-19 所示。

图 2-19 屏蔽罩烧蚀及破损情况

　　拆除绝缘拉杆下端与机构传动部件的连接销轴，将拉杆取出。经检查，绝缘拉杆正常，表面无任何异常；在拐臂箱底部有铜质烧蚀残留物，如图 2-20 和图 2-21 所示。

图 2-20　绝缘拉杆

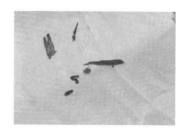

图 2-21　拐臂箱底部有铜质烧蚀残留物

3. 故障原因分析及处理措施

（1）故障原因分析。

　　从解体检查的情况来看，C 相断路器喷口外表面存在严重的烧蚀痕迹和爬电痕迹，反映了喷口外表面有异物，降低了绝缘喷口外表面的实际绝缘距离，动、静主触点间的场强增大，导致喷口外表面出现了爬电，最终导致击穿。

　　从录波图来看，C 相断路器断口间发生了两次击穿，第一次是因为绝缘喷口外表面有脏污，在喷口外表面上出现了爬电，导致击穿。击穿后，110kV 某变电站与系统连在了一起，当断口间的暂态恢复电压低于喷口的外表面绝缘耐压值时，电弧自动熄灭，故障电流消失。此时，110kV 某变电站与系统分开，由于喷口的绝缘已经受到损害，随着断路器断口间的电压逐渐升高，断口间再次沿着喷口外表面被击穿。

（2）处理措施。

　　对断路器三相本体进行了更换，设备投运。

2.5　断路器延迟跳闸故障

1. 故障情况简介

　　某 110kV 线路发生单相永久性接地故障，110kV 123 断路器保护动作跳闸，重合闸动作断路器重合于故障后保护加速动作出口，断路器延迟跳闸（断路器跳闸时间在保护加速动作出口后约 13s），未能快速有效地切除故障电流，导致接入各电源厂站侧线路保护相继动作跳闸切除故障电源，造成两个 110kV 变电站全站失压。

2. 故障检查情况

(1) 断路器检查情况。

①外观检查。对 123 断路器的外观包括灭弧室瓷套、支撑瓷套、底座、机构箱外壳等进行了检查，绝缘瓷套外表应无污垢沉积，无破损伤痕，法兰处无裂纹，与瓷瓶胶合良好。SF_6 气体压力为 0.62MPa，正常。

②操作情况检查。故障发生后，共对断路器进行了 12 次分—合—分操作，断路器均能正常动作，储能时间也一直维持在 11～12s，没有出现故障时的情况。

③机构箱内部检查。检查机构箱内部辅助开关、储能系统、限位开关、分闸线圈均正常。

④试验测试情况。对断路器进行回路电阻、分合闸线圈电磁铁动作电压、分合闸线圈直流电阻、机械特性测试，测试结果正常，符合厂家技术要求。

(2) 线路检查情况。

故障发生后，立即组织人员对故障线路进行查线，发现#111 塔 C 相复合绝缘子有放电烧伤痕迹，经过检查，确定为#111 塔 C 相整串复合绝缘子击穿，如图 2-22 所示。

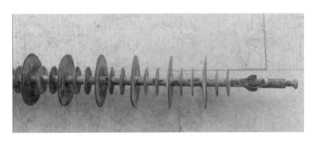

图 2-22　故障绝缘子图片

3. 故障原因分析及处理措施

(1) 故障原因分析。

结合试验检查情况，分析 123 断路器延迟跳闸原因如下。

由于该断路器长期未操作，储能轴存在卡涩现象，受合闸时故障电流的阻力影响，造成断路器合闸过程中主触点虽接通，但输出拐臂被合闸凸轮顶住，断路器不能立即实现分闸。待储能电机开始工作，大齿轮运动一圈后驱动棘爪啮合偏心轮卡口，带动储能轴旋转后(耗时12s)，使输出拐臂摆脱合闸凸轮，断路器分闸。

(2)处理措施。

对长期未操作的该型断路器进行轮替操作，结合预防性试验，检查断路器储能轴是否存在卡涩及储能时间是否正常，及时发现并消除设备可能存在的缺陷。

2.6 断路器拒合故障

1. 故障情况简介

由于线路故障，某变电站 110kV 设备自投动作跳开某线路 141 断路器，合 110kV 金马Ⅱ回线路 142 断路器时，142 断路器拒合，造成某变电站全站失压。

2. 故障检查情况

(1)断路器外观检查。

对 142 断路器的外观包括灭弧室瓷套、支撑瓷套、底座、机构箱外壳等进行了检查，绝缘瓷套外表应无污垢沉积，无破损伤痕，法兰处无裂纹，与瓷瓶胶合良好。SF_6气体压力正常。

(2)断路器机构检查。

①机构外观检查。

a. 经目视检查储能臂与合闸弹簧杆在死点位置，但未越过死点，如图 2-23 所示。

b. 检查储能位置指示在"已储能"状态，储能限位行程开关接点处于断开位置。

c. 打开机构箱侧板，检查储能保持掣子、合闸扇形板及合闸半轴状态，发现储能保持掣子与合闸扇形板未与合闸半轴有效接触。

d. 后台无弹簧未储能报警信号。

综合上述几点可以看出，合闸弹簧虽表面上已储能，但实际上储能不到位。

②储能时间与储能延时继电器定值配合情况检查。

现场开展了多次分合闸操作，记录了断路器储能时间，保持在 19～20s 之间，而储能回路上的储能延时继电器整定值为 25s，因此储能时间小于储能延时继电器动作时间。

③分合闸线圈检查。对分合闸线进行检查，并进行了直流电阻测试，如表 2-1

所示。直流测试结果正常，但发现合闸线圈有明显的发热老化现象，为了防止断路器合闸线圈在今后运行中可能发生线圈损坏的风险，将其合闸线圈进行了更换。

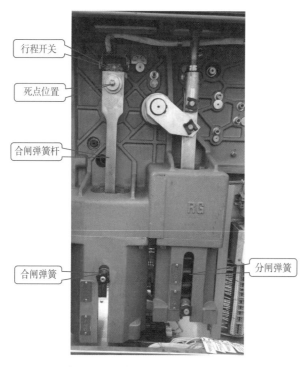

行程开关

死点位置

合闸弹簧杆

合闸弹簧

分闸弹簧

图 2-23　断路器操动机构整体实物图

表 2-1　142 断路器分合闸线圈直流电阻　　　　　　　单位：Ω

测试日期	合闸	分闸 1	分闸 2
2012 年 5 月 23 日（首检）	169.3	119.2	120.4
2017 年 2 月 23 日	169	119.1	120.4

④其他部位检查。

对机构箱内部进行检查，发现齿轮、轴承及转动部件润滑油存在变硬老化现象。

3. 故障原因分析及处理措施

(1)故障原因分析。

根据现场检查情况，可以明确 142 断路器拒合故障原因为储能不到位，具体分析如下。

①储能电机行程开关固定及出厂调整位置不当。当储能电机未完成整个储能过程，行程开关提前断开电机电源，使储能连杆运转到最高位置时未能越过死点位置 10°。

②储能机构卡涩。现场检查发现齿轮、轴承及转动部件润滑油存在变硬老化现象，142 断路器储能时会有一定的卡涩，导致储能不到位，储能保持掣子与合闸扇叶板并未有效接触，而储能行程开关已切换，储能过程终止，导致断路器合闸不成功。

③储能延时继电器动作。当储能延时继电器整定值不合适，与断路器实际储能时间相当时，会存在一定的概率。当储能时间超过整定值时，延时继电器动作切断电机控制回路，导致电机停止储能，从而出现储能不足的现象。

但从现场核实情况来看，延时继电器整定时间为 25s，大于断路器实际储能时间，因此不可能是储能延时继电器时间设置不当引起的。

经分析，认为本次 142 断路器储能不到位是由储能电机行程开关固定及出厂调整位置不当、断路器储能机构存在一定的卡涩造成的。

(2)处理措施。

①对于该型断路器，在设备停电检修时，应利用手动缓慢储能的方式，储能到断路器合闸弹簧杆刚好在死点位置，检查行程开关各对接点导通性是否满足要求，检查合闸限位板安装位置、安装角度是否满足要求。

②对储能机构转动部件进行清洁，涂抹新型润滑剂(二硫化钼)，防止润滑剂干涸失效后再次造成机构卡涩。

③对其他同型号断路器进行专项检查工作，防止该型断路器类似故障再次发生。

2.7 断路器相间连杆断裂故障

1. 故障情况简介

2014 年 2 月 21 日，110kV 某开关站现场运行人员在监盘时发现 110kV 某线路 151 断路器 A 相电流为 0，经供电局检修人员现场检查发现 110kV 某线路 151 断路器 A 相拐臂连接处相间连杆断裂，A 相本体在分闸位置，B、C 相本体在合闸位置。断路器操动机构在合闸位置，合闸弹簧为储能状态。二次保护无动作情况。

2. 故障检查情况

(1) 外观检查。

对 151 断路器的外观包括灭弧室瓷套、支撑瓷套、底座、机构箱外壳等进行了检查，绝缘瓷套外表无污垢沉积，无破损伤痕，法兰处无裂纹，与瓷瓶胶合良好。SF₆ 气体压力为 0.64MPa，正常。

(2) 断路器相间连杆检查。

对 151 断路器相间连杆(两根：AB 相间和 BC 相间)进行了检查，发现与 A 相拐臂连接的横向连杆端头处断裂。拉杆为方形空芯铝管，长度为 1.7m，如图 2-24 所示。

图 2-24　相间连杆 A 相处断裂图

BC 相间连杆未出现断裂，其与 B 相、C 相拐臂连接的情况如图 2-25 所示。

(a) C相　　　　　　　　(b) B相

图 2-25　BC 相间连杆与拐臂销轴连接情况

将 151 断路器相间连杆取下来，发现 BC 相间连杆与 C 相拐臂连接的销轴生锈卡死，导致 BC 相间连杆无法正常取出。通过除锈机对生锈的地方进行处理后，将连杆与 C 相拐臂脱离开来，如图 2-26 和图 2-27 所示。

图 2-26　C 相拐臂与相间连杆的销轴生锈

图 2-27　A、B、C 三相拐臂与相间连杆连接的销轴

（左边 A 相，中间 B 相，右边 C 相）

从 151 断路器机构运动的情况来看，C 相拐臂与相间连杆的销轴生锈卡涩不会影响 AB 相间连杆的最大受力，因此销轴生锈不是造成连杆断裂的原因。

更换 151 断路器相间连杆，该连杆为圆形空芯铝管，端部分别为实心铝材质头(银白色)及实心钢材质头(铜黄色)，圆孔处增加了铜套，如图 2-28 所示。

图 2-28　相间连杆端部

3. 故障原因分析及处理措施

(1) 故障原因分析。

①连杆材质不满足要求。经实验检测，断裂的连杆存在的问题为：断裂连杆在断口区域存在杂质偏析；断裂连杆的壁厚为 3.0~3.22mm，小于设计壁厚规定的 3.5mm；断裂连杆成分分析结果表明，其材料与设计的 LC4 不相符；断裂连杆的抗拉强度低于设计材料要求的 530MPa 的规定。

以上几个问题共同导致了连杆的实际许用应力低于设计要求，在断路器合闸后 A 相基座分闸弹簧拉力的作用下，连杆在销子孔区域发生断裂。

②断路器的结构设计。分析 151 断路器的分合闸操作过程及该断路器机构，可以得到：

a. 分、合闸过程中，由于分闸弹簧固定在 A 相拐臂处，导致断路器 AB 相间连杆受到的机械力要大于 BC 相间连杆，尤其 AB 相间连杆与 A 相拐臂连接处受力最大。

b. 断路器在合闸状态时，分闸弹簧通过 AB 相拐臂将力传递到机构箱分闸拐臂，扣住分闸掣子，因此 A 相连杆处一直受到机械力作用，但 BC 相间连杆几乎不受力作用。这种持续的机械力是造成 AB 相间连杆端部断裂的直接原因，这也解释了 AB 相间连杆为什么会在运行时出现断裂。

综上所述，该断路器 A 相连杆断裂的原因为相间连杆质量不满足要求，且该处受力较大。其中，连杆质量不满足要求为主要原因。

(2) 处理措施。

针对该故障有以下建议。

①加强运行维护，在断路器操作后检查电流情况，现场检查连杆位置，是否存在裂纹或断裂现象。

②对存在问题的同批次操动机构断路器相间连杆进行更换。

2.8　罐式断路器绝缘故障

1. 故障情况简介

2011 年 6 月 30 日，500kV 某变电站 220kV 玉杞 II 回线路 A 相发生故障，2571 断路器 A 相分闸，2s 后 2571 断路器 A 相合闸，30ms 后 2571 断路器 A 相再次分闸，2ms 后 220kV 母线差动保护动作，220kV Ⅰ 段母线失压。

2. 故障检查情况

(1)外观及动作情况检查。

出现故障后,对 2571 断路器 A、B、C 三相引线套管、罐体、管路进行细致检查,未发现放电点和泄漏。SF₆ 气体管路连接完好,SF₆ 气体压力为 0.54MPa,正常。

2571 断路器自投运以来在运行中共计正常倒闸分合操作 16 次(含投运时冲击合闸 3 次),自投运以来共发生故障跳闸 3 次,其中 A 相发生跳闸两次。

(2)2571 断路器绝缘电阻检查情况。

出现故障后,测试 2571 断路器绝缘电阻,结果如表 2-2 所示。

表 2-2 2571 断路器绝缘电阻   单位:MΩ

相别	A	B	C
母线侧(静触点)	14700	14100	15100
线路侧(动触点)	231	13020	13720

(3)2571 断路器 SF₆ 气体检查情况。

2571 断路器 SF₆ 气体微水及气体分解产物检测情况如表 2-3 和表 2-4 所示。

表 2-3 2571 断路器 SF₆ 气体微水检测情况   单位:μL/L

相别	A	B	C
微水含量	2067	91	55

表 2-4 2571 断路器 SF₆ 气体分解产物检测情况   单位:μL/L

相别	A	B	C	参考值
SO_2	102.31	0	0	<2
H_2S	155.01	0	0	<10
CO	29.63	0	0	—

(4)2571 断路器现场解体检查情况。

根据 2571 断路器 SF₆ 气体分解产物检测可知,2571 断路器发生了内部绝缘击穿故障。在 500kV 某变电站对 2571 断路器 A 相进行了现场解体。

通过打开断路器的静触点侧端盖,对断路器罐内及静触点进行检查,发现断路器罐体内部有大量粉尘(图 2-29),在断路器动端罐体底部发现一个黑色非金属异物(图 2-30 和图 2-31),从异物材料来看为玻璃纤维壳状物,由于断路器动侧绝缘件仅有绝缘拉杆为玻璃纤维制品,从而判断绝缘拉杆上可能击穿,因此需继续解体断路器动侧，明确断路器的具体故障部位。

图 2-29　拆开断路器静触点侧端盖后
断路器内部有大量粉尘

图 2-30　动端底部的黑色异物　　　　　图 2-31　异物放大图片

　　通过拆除断路器动密封后，发现断路器绝缘拉杆一端有严重的电弧烧蚀情况（图 2-32 和图 2-33）。抽出断路器绝缘拉杆，明确该绝缘拉杆两端金属存在明显烧蚀痕迹，其中一端中部有明显电弧烧蚀痕迹，呈蜂窝状，且其中一块已经烧蚀脱落（图 2-34 和图 2-35），与之前在罐内发现的黑色异物相吻合。

图 2-32　拆除断路器　　　　　　图 2-33　绝缘拉杆一端有明显烧蚀痕迹

图 2-34 绝缘拉杆拆除后确认其外表面有严重烧蚀情况

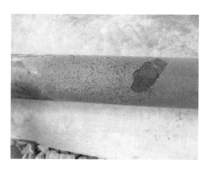

图 2-35 绝缘拉杆中部有蜂窝状烧蚀
痕迹且有一块已经烧蚀脱落

(5)绝缘拉杆相关测试及检查情况。

对击穿的绝缘拉杆用酒精进行清洗后，除中部有严重的烧蚀痕迹外，并无明显的贯穿性损坏现象，如图2-36～图2-38所示。对绝缘拉杆两端进行了解剖，绝缘拉杆内部正常。

图 2-36 经酒精清洗后的绝缘拉杆表面

图 2-37 绝缘拉杆损坏部位局部放大图 图 2-38 绝缘拉杆表面严重烧蚀部位局部放大图

3. 故障原因分析及处理措施

(1)故障原因分析。

通过现场的保护报文、故障录波情况及故障后的检查情况，可以明确 2571 断路器 A 相的内绝缘故障是由断路器绝缘拉杆的表面闪络导致的。而造成断路器绝缘拉杆表面闪络的原因有以下几个方面。

①雷电波侵入。

从雷电定位系统雷电检测情况来看，在断路器分开至重合阶段，在玉杞Ⅱ回线 55～56 号塔处的确有多起雷电活动。根据故障录波中 220kV 玉杞Ⅱ回线 A 相电压互感器(TV)在断路器断开至重合闸期间有一些异常的脉冲信号，可能是雷电的入侵波，而该断路器线路侧未安装避雷器。此外，根据玉杞Ⅱ回线的线路绝缘配合情况，线路绝缘子的闪络电压较高，因而雷电侵入波的电压也较高，且雷电侵入波在断路器断口处形成全反射，可能会导致断路器内部绝缘击穿。

②绝缘拉杆存在制造缺陷。

厂家在绝缘拉杆到达车间组装前仅对绝缘拉杆进行空气中的交流耐压检查，在安装完成后对断路器整体进行 395kV 的交流耐压试验。因此，绝缘拉杆在断路器制造厂是不进行局放检查的。如果绝缘拉杆存在局部薄弱点，在交流耐压中是无法击穿的，但在运行过程中因为局放的存在导致绝缘拉杆表面绝缘逐渐劣化，在此次线路故障切除后受雷电波侵入影响引起绝缘拉杆表面闪络，最终在断路器重合闸之后由绝缘拉杆的表面爬痕引起断路器内绝缘击穿。

③绝缘拉杆上残留油脂金属屑等物品。

通过故障断路器的现场安装调试情况了解到，2571 断路器 A 相在 2007 年交接试验进行交流耐压时曾经击穿过多次，并且开罐检查了两次。根据当时对动触点的检查情况，发现断路器动端存在油脂及金属屑等物品，如果绝缘拉杆上残留油脂及金属屑等物品将会严重影响绝缘拉杆表面的电场分布，降低绝缘拉杆的击穿电压，并会在附着的金属屑表面产生电晕放电等情况，最终在此次故障中引起断路器内绝缘击穿。

综上所述，该故障是由断路器绝缘拉杆脏污或制造缺陷，加之受到外部雷电侵入波的影响，导致内绝缘击穿，从而引起的断路器绝缘拉杆表面闪络。

(2)处理措施。

对该型断路器同批次绝缘拉杆进行更换，更换之前加强对该型罐式断路器的带电局放检测。

2.9　断路器拉杆故障

1. 故障情况简介

2011 年 3 月 31 日为配合某变电站 220kV 设备自投试验，调度下令将 145 断路器由热备用转运行(合环)，操作时合闸不成功，发现"控制回路断线"，随即断开控制电源对控制回路复位。现场检查 145 断路器三相电流为零，分闸指示器在"分闸"状态，储能电机空转，"储能指示"未储能。

2. 故障检查情况

(1)现场检查情况。

检修人员到现场检查后，判定 145 断路器机构的储能弹簧能量没有释放完全(释放弹簧全部能量的 30%)。检查断路器储能电机状态良好，提升杆行程明显偏小，大约为 120mm，与标准行程 150mm 有较大偏差，判定断路器处于半分半合状态。

检修人员通过慢分慢合操作，结合万用表测量触点通断情况，判定 145 断路器 B 相极柱内部提升杆已断裂。

(2)断路器的解体情况。

对 145 断路器 B 相极柱进行解体，发现以下几个问题。

①断路器底部内粉尘和金属氟化物较多，如图 2-39 所示。

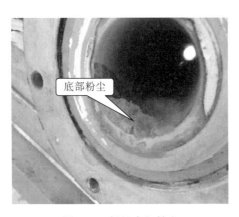

图 2-39　极柱底部粉尘

②断路器提升杆与动触点连接处圆柱销脱落，连接接头断裂，如图 2-40 和图 2-41 所示。

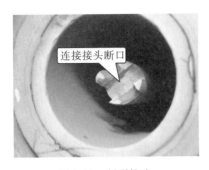

图 2-40　断裂接头

图 2-41　接头碎片

③圆柱销腐蚀严重，直径变小，圆柱销两侧的弹性挡圈未找到，可能已变成粉末，如图 2-42 所示。

图 2-42　圆柱销

(3)其他部件检查情况。

解体后对断路器的动、静触点及喷口进行检查，动、静触点及喷口完好，未发现异常。断路器灭弧室吸附剂存在少量粉化情况。但断路器绝缘拉杆表面附着金属氟化物，在过电压下容易引起绝缘拉杆表面闪络。

3. 故障原因分析及处理措施

(1)故障原因分析。

因为销轴和绝缘拉杆金属接头接触不良，产生电腐蚀，变形而使销孔间隙增大，每次操作时绝缘拉杆就会有一段空行程，使得绝缘拉杆将获得更大的动能，从而对圆柱销和销孔产生更大的冲击和破坏。进而导致断路器操作时动触点运动不到位，合闸时动、静触点接触不良，直流电阻增大；分闸时分不到位，开距变小。在局部放电产生的电腐蚀和机械力破坏相互激化和反复作用下，绝缘拉杆接头销孔处的机械强度就越来越小，当其强度不足以承受分闸中操作的拉力时，绝缘拉杆接头就会在分闸过程中断裂，使圆柱销脱落，动触点便恢复不到正常的分闸位置。

①本次设备故障的直接原因是提升杆连接销脱落，造成接头松脱，断路器快速合闸时，提升杆与中间法兰盘摩擦导致接头断裂。

②本次设备故障的根本原因是断路器提升杆接头设计存在问题，没有解决接头穿销在电磁场中的悬浮电位(与腐蚀性气体的共同作用)引起的电腐蚀，从而导致圆柱销及两侧的弹性挡圈被腐蚀粉化，圆柱销直径变小，引起圆柱销脱落。

(2) 处理措施。

为避免接头销孔结合处因悬浮电位而产生电腐蚀，断路器制造厂家对接头部位进行了改进。例如，在圆柱销两端各增加一个连接弹片，弹片分别固定在动触点装配连杆和绝缘拉杆上部的金属杆上，利用弹片的弹力，使动触点装配连杆、圆柱销和绝缘拉杆金属接头接触良好，形成等电位，避免产生悬浮电位。因此，必须从以下几个环节采取预防措施。

①高压断路器绝缘拉杆与动触点装配连杆的连接是否牢固，对提高断路器动作可靠性和确保电网安全运行至关重要。 断路器制造厂家对这个部位的结构设计、零部件加工和装配工艺应给予足够的重视。

②做好定期检查和试验是及时了解设备状况、发现设备隐患、确保安全运行的有效技术监督手段。

③变电站运维人员在倒闸操作过程中，断开断路器后，一定要仔细查看电流表，确认该设备的电流为零后，再去拉开隔离开关，防止因断路器某相未断开而造成带负荷拉开隔离开关。变电站运维人员对这部分断路器应加强巡视检查，特别是在夜巡时，应仔细倾听断路器内部有无异常放电声或共振声，并用红外成像设备对断路器进行成像检查，发现问题及时报告，立即安排检查和处理。

2.10　断路器灭弧室爆炸故障

1. 故障情况简介

2017 年 9 月 23 日 1 时 25 分，110kV 某线路发生 B 相接地故障，110kV 芒卡变电站的 110kV 孟芒线路的 161 断路器跳闸过程中，A、C 相成功开断， B 相灭弧室发生爆炸。

2. 故障检查情况

(1)现场检查情况。

①断路器外观检查及测量。

现场检查 161 断路器在分闸位置，合闸弹簧已储能，检查分合闸线圈外观正常，无烧损毁坏情况，检查分闸连杆连接销轴螺栓无松脱。

测量 161 断路器分合闸线圈电阻无异常，辅助开关已切换到位。通过检查测量，确认断路器已分闸到位，机构无异常。

②动、静触点外观检查。

a. 静触点外观检查。对静触点外观进行了检查，静主触点一侧烧损严重，已经缺失，静触点触指散落，静触点端面有爆炸后与电流互感器支架碰撞砸出的凹痕，静弧触点表面完好，无烧蚀坑洞，表面颜色有变化，如图 2-43～图 2-46 所示。

图 2-43　静主触点一侧烧损严重

图 2-44　静主触点烧损情况

图 2-45　静主触点散落的触指

图 2-46　静主触点烧蚀情况

b. 动触点外观检查情况。

动触点表面因烧蚀而变色，动触点靠电流互感器(TA)一侧因烧蚀而破损，与静触点烧损部位相对应，喷口表面被烧黑，动触点(喷口下方处)四周均有触指压痕，如图 2-47 所示。

图 2-47　动触点及喷口外观

从动、静触点外观检查情况来看，静主触点与动主触点相对应的一侧烧损严重，而静弧触点表面仅变色，但无烧损，可以判断故障时主触点之间存在电弧。

(2)返厂解体检查。

2017 年 10 月 10 日至 11 日，对更换下来的 161 断路器三相本体在厂内进行解体检查。

从厂内解体检查结果来看，测量三相动触点顶部喷口到下接线柱的距离，三相均一致，说明三相动触点均已分闸到位，检查 B 相绝缘拉杆，无松脱，销轴完好。对三相大小喷口尺寸、静弧触点与静主触点及屏蔽罩的高度差、动弧触点与动主触点的高度差、小喷口到阀片的距离、静弧触点直径、动弧触点引弧环尺寸、静主触点触指尺寸进行了检查，未发现异常，检查三相动主触点擦痕，未见明显对中不良。

检查 B 相 24 片触指，未发现烧损严重，检查 B 相大喷口，其喉部未发现变形，喷口喉部下端有变白，但未见明显电弧烧蚀痕迹。

从检查结果来看，排除 B 相弧触点与主触点长度配合问题，排除 B 相触指凸出或脱落，排除 B 相对中不良。

3. 故障原因分析及处理措施

(1)故障原因分析。

结合故障录波、雷电定位系统及现场检测数据，排除雷击、开断能力不足、外绝缘污闪、分闸不到位、分闸速度慢、主触点与弧触点配合不当、触指脱落引起此次故障。

最有可能的是触点间存在异物，导致主触点在弧触点分离的过程中一直导通，在主触点分离过程中产生电弧，进而引起灭弧室爆炸。

(2)处理措施。

对该断路器进行更换处理。

2.11　无功补偿断路器合后即分故障

1. 故障情况简介

500kV 某变电站的两台无功补偿装置投切用 35kV 断路器在投运不到一个月的时间内先后出现合闸操作后立即无保护跳闸的现象。

2. 故障检查情况

断路器调整及试验情况。厂家技术人员调整断路器操动机构时，通过调节合闸弹簧底部的紧固螺栓，来模拟断路器合后即分的现象。将合闸弹簧位置逐渐变小，并进行速度特性检测，其结果如表 2-5 所示。

表 2-5　断路器合闸弹簧不同位置时的速度特性

相关参量	合闸速度/(m/s)	过冲量/mm	合闸弹簧位置/mm
322 断路器	2.63	8.78	39
	2.43	8.35	34
	2.35	7.96	29
	2.13	7.63	24

续表

相关参量	合闸速度/(m/s)	过冲量/mm	合闸弹簧位置/mm
	2.06	7.59	20
	1.91	7.75	17
322 断路器	1.82	6.70	11
	1.63	6.72	6
	1.26	5.8	0

从表 2-5 中可以看出，随着合闸弹簧位置的逐渐变小，合闸速度逐渐下降。即使合闸弹簧位置变为 0，在检修状态下，断路器依然能够合闸成功。

随后，厂家技术人员将 322 断路器合闸弹簧位置调至 52mm，并进行速度特性测试，其结果如表 2-6 所示。

表 2-6   断路器速度特性（合闸弹簧位置 52mm）

相关参量	合闸速度/(m/s)	超程/mm	过冲量/mm	合闸弹簧位置/mm
322 断路器	3.03	37.65	8.56	52

通过对合闸弹簧位置比较、分析，发现合闸弹簧压缩紧了，合闸速度也增加了，但过冲量并没有增加。于是，厂家技术人员打开了断路器本体极柱底座横梁的中间盖板，在断路器合闸状态时测量外拐臂与相间水平连杆的间隙为 8mm 左右，与过冲量 8.56mm 有一定的重叠。检查断路器相间连杆，发现连杆处有几处磕碰的痕迹。通过高速摄像机拍摄，可以清晰地看到外拐臂与相间水平连杆之间存在碰撞，如图 2-48 和图 2-49 所示。

最后，厂家技术人员对该间隙进行了调整，增加了 2mm。

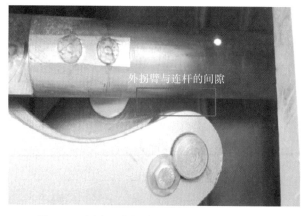

图 2-48   断路器外拐臂与相间水平连杆的间隙

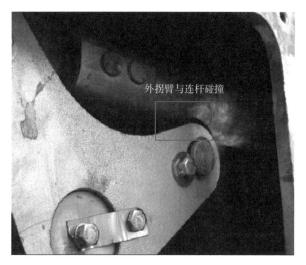

图 2-49　断路器外拐臂与相间水平连杆碰撞时照片(高速摄像机)

结合经验，厂家技术人员最终将 322 断路器的合闸弹簧位置调整到 47mm，并利用高速摄像机拍摄了试验过程中外拐臂的运动情况，整个过程中外拐臂与相间水平连杆无碰撞现象，并进行了多次机械特性检测，数据合格。

3. 故障原因分析及处理措施

(1)故障原因分析。

从断路器的现场调试结果来看，厂家技术人员试图通过调节合闸弹簧底部的紧固螺栓来模拟断路器合后即分的现象。通过试验，分析该断路器合后即分是由外拐臂与相间连杆之间碰撞、关合电流阻力两者的共同影响造成的，但主要原因应是外拐臂与相间连杆之间碰撞导致的。

综上所述，该断路器出现的带负荷合后即分的现象初步认为主要是由外拐臂与相间连杆碰撞造成的，应是厂家技术人员现场安装调试不当引起的。

(2)处理措施。

对该站同批次共计 7 台断路器操动机构的分闸掣子进行更换。完成更换后，在检修状态下又进行了约 30 次的合分操作，断路器均能可靠合分，未发生合后即分现象。

后续措施建议如下。

①厂家应按照相关的技术要求，加强现场安装调试的规范性，使调试后的断路器各项参数保持在最佳匹配状态，避免因安装不当导致缺陷发生。

②厂家必须在调试安装结束后开展速度特性试验，保证相关参数满足产品质量要求。

2.12 断路器慢合故障

1. 故障情况简介

220kV 某变电站 262 断路器于 2015 年 11 月 13 日开展预试定检工作,检修人员在做动作特性试验时发现 262 断路器 A 相出现慢合现象(断路器合闸到行程约 3/4,凸轮到 1/2 位置左右,停止 2s~120min 后,又缓慢运动到合闸位置)。

同时,265 断路器于 2015 年 11 月 16 日进行预试定检时发现分、合闸同期均不合格,于 2015 年 11 月 17 日试验时,发现 265 断路器 B 相也发生慢合现象。

2. 故障检查情况

(1)现场检查情况。

①262 断路器 A 相及 265 断路器 B 相,在上午气温较低的情况下操作,未出现慢合现象;在下午气温较高的情况下,均出现慢合现象。说明断路器出现慢合现象与温度存在一定的关系。

②操动机构内部尺寸存在多处与厂家规定值不符的情况。例如,凸轮与拐臂上的滚子之间的间隙、分闸线圈铁芯与静铁芯之间的行程、合闸线圈铁芯与静铁芯之间的行程等,反映该断路器在装配时未按照厂内要求执行,但这些不是影响断路器慢合的因素。

③现场(下午气温较高时)通过对 265 断路器 B 相操动机构的凸轮间隙(已调至最大)、合闸弹簧压缩量(已调至极限值)进行调整,断路器均出现慢合现象。

④现场解开断路器操动机构与本体的机械连接,利用撬棍使绝缘拉杆上下运动,在气温较低时拉杆均可以正常上下运动,在气温较高时,人力已无法使拉杆上下运动,本体处于卡涩状态。初步怀疑该断路器本体存在异常。

(2)解体检查情况。

对 262 断路器和 265 断路器进行解体检查,如图 2-50 所示。

262 断路器 A 相导向拉杆和直动导向套之间摩擦力较大,导向拉杆从直动导向中拉出后,现场就很难再插入;265 断路器 B 相导向拉杆和直动导向卡死,现场 4 个人都无法将其拉出或活动;265 断路器 C 相导向拉杆与直动导向套之间摩擦力较小,很容易就把导向拉杆从直动导向中拉出,具体如图 2-51 所示。

 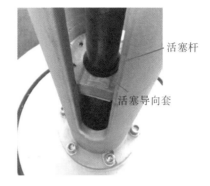

图 2-50 活塞杆与活塞导向套

图 2-51 导向拉杆和直动导向插拔情况

直动导向装置的上、下两个端部各有一个导向套，具体位置如图 2-52 所示。

图 2-52 直动导向装置

对解体及验证试验情况总结如下。

①262 断路器 A 相弹簧操动机构各零部件、相关轴承等均正常，润滑良好、无卡涩现象。

②被检查的三相断路器灭弧室，其动静触点、压气缸表面均正常，无异常摩擦及卡涩现象。

③262 断路器 A 相、265 断路器 B 相和 C 相活塞杆与活塞导向套间均无较大摩擦力，相关尺寸均满足厂家要求。

④从设计上来看，导向套与拉杆的配合公差为 0.025～0.187mm，该公差设计裕度相对较小，在温度较高时，导向套膨胀造成内径缩小，与拉杆之间将无间隙，容易抵死拉杆。

⑤从制造工艺来看，导向套及导向套底座外观尺寸离散性较大，且很多不满足厂家要求值。

⑥262 断路器 A 相和 265 断路器 B 相的尺寸(高度、外径)均超过了导向套底座的尺寸(高度、外径)，导致导向套装入底座时变形，再加上金属法兰的紧固，导向套变形严重，内径严重变小；262 断路器 A 相导向套的内径已接近导向拉杆外径，而 265 断路器 B 相导向套的内径已小于或等于导向拉杆外径。

⑦通过不同温度下的导向套内径及导向拉杆外径测量，反映了导向套的热膨胀效应比金属拉杆要明显。当温度升高时，导向套内径减小。

3. 故障原因分析及处理措施

(1) 故障原因分析。

结合前面检查的情况，分析本次故障的主要原因如下。

受零部件制造工艺水平的影响，断路器本体内部直动导向套尺寸小于导向套底座尺寸，导向套安装后在底座内部受到挤压(既有径向挤压又有轴向挤压)，导致导向套已发生轻微变形，内径缩小，已接近或小于直向拉杆的外径，使得导向套与直向拉杆之间的摩擦力增大，但不足以影响断路器的正常分合闸操作；当温度升高后，导向套受热膨胀，由于外侧及上下端被紧固，因此导向套只能沿着内径方向膨胀，从而使得与直向拉杆的间隙进一步缩小，导向套与导向拉杆之间的摩擦力骤然上升，抱死拉杆，显著消耗合闸弹簧的操作功，造成断路器出现慢合现象。

$$F_{合} < F_{分} + F_{缓} + F_{本}$$

本次故障的根本原因如下。

①零部件制造工艺存在问题。导向套及导向套底座外观尺寸离散性较大，且很多不满足厂家要求值。强行装配后，导向套在导向套底座内受力变形，使得导向套内径缩小。

②零部件公差尺寸设计不合理。导向套内径与导向拉杆外径的公差配合只有 0.025～0.187mm，该公差设计裕度相对较小，在温度较高时，导向套膨胀造成内径缩小，与拉杆之间将无间隙，容易抵死拉杆。

(2)处理措施。

由于该型断路器存在分合不到位的风险，建议由该型断路器运行的供电局及厂家开展以下工作。

①供电局应尽快对在运行的同类型断路器安排停电进行处理。

②停电操作时，选择凌晨或晚上气温比较低的情况下操作断路器，避免因气温较高断路器导向拉杆与导向套之间的公差配合过紧出现慢分或分不到位的故障。

③厂家应尽快拿出可行的解决方案，最大限度地减小作业风险和电网风险。

④厂家应在导向套与导向拉杆的尺寸设计上进行优化，使得导向套与导向拉杆之间的公差尺寸满足要求值，在外界环境温度变化的情况下不影响导向套与导向拉杆之间的配合。

⑤厂家应加强对外购件(品)的检测及监督，提高产品的质量，保证设备实际尺寸与说明书或维护检修手册的一致性。

第3章 组 合 电 器

3.1 GIS 绝缘拉杆绝缘故障

1. 故障情况简介

2014 年 5 月 5 日，500kV 某变电站 500kV Ⅱ 段两套母线保护发出"C 相差动保护动作"信号，跳开 500kV Ⅱ 段母线所连的全部断路器，该变电站 500kV Ⅱ 段母线失压。

2. 故障检查情况

(1)现场检查情况。

①SF$_6$气体分解产物检测。

2014 年 5 月 6 日，现场对 500kV Ⅱ 段母线各气室内 SF$_6$气体分解产物进行检测，发现 57232 隔离开关 C 相至 Ⅱ 段母线 C 相气室 H$_2$S、SO$_2$超标，从而可以明确故障气室为 57232 隔离开关 C 相至 Ⅱ 段母线气室，其示意图如图 3-1 所示。57232 隔离开关 C 相至 Ⅱ 段母线气室 SF$_6$气体分解产物检测结果及 SF$_6$气体湿度测试结果如表 3-1 和表 3-2 所示。

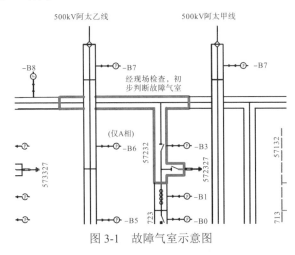

图 3-1 故障气室示意图

表 3-1　57232 隔离开关 C 相至 II 段母线气室 SF$_6$气体分解产物检测结果

测试间隔	气室	气体分解产物含量/(μL/L)				标准要求
		H$_2$S	SO$_2$	HF	CO	
500kV 阿太乙线 5723 断路器间隔	57232 隔离开关 C 相至 II 段母线	3.7	100	0	2.4	根据 Q/CSG114002—2011 标准 SF$_6$分解产物不大于以下值： H$_2$S：2μL/L SO$_2$：3μL/L CO：100μL/L
	向 II 段母线电流互感器(TA)　C 相	0	0	0	3.1	
	向 I 段母线电流互感器(TA)　C 相	0	0	0	0	
	5723 断路器 C 相	0	0	0	0	

表 3-2　57232 隔离开关 C 相至 II 段母线气室 SF$_6$气体湿度测试

测试气室	测试时间	湿度/(μL/L)			备注
		A 相	B 相	C 相	
57232 隔离开关 C 相至 II 段母线气室	2014 年 5 月	130	127	680	运行中 GIS 设备微水测试不应超过以下值： 断路器气室：300μL/L 其他气室：500μL/L

②开盖检查。

确定的故障气室为"T"形结构，包含了 3 个气隔、多个绝缘支撑件及绝缘杆，因此需开盖后才能确认故障点。

2014 年 5 月 7 日，对 GIS 故障气室进行了开盖检查。

a. 拆开 57232 隔离开关 C 相操动机构法兰盖板。发现 57232 隔离开关 C 相操作绝缘杆处击穿，动触点屏蔽罩有烧黑、烧穿现象，隔离开关机构法兰盖板与绝缘杆连接处周围也有大量烧黑现象，但未见异常尖角，如图 3-2 和图 3-3 所示。

图3-2　57232 隔离开关C相动触点屏蔽罩及绝缘杆

图 3-3　57232 隔离开关 C 相机构法兰盖板

b. 取下绝缘杆，检查绝缘杆的外表面和内表面。外表面已被电弧烧黑，局部区域有烧蚀孔，表面有贯穿整个绝缘杆的一条痕迹，内表面无损伤，如图 3-4 所示。

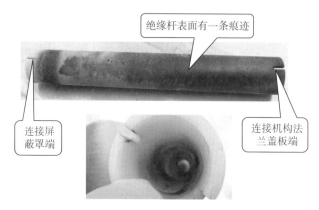

图 3-4   57232 隔离开关 C 相绝缘杆外表面和内表面

③避雷器动作情况检查。

为了解 57232 隔离开关 C 相绝缘杆击穿前后过电压是否超标,对所有 500kV 避雷器动作情况进行了检查。经检查,该站所有 500kV 避雷器在故障前后均未动作。

(2) 故障绝缘杆检查情况。

①X 光检测。故障绝缘杆 X 光检测图片如图 3-5 所示。

图 3-5   故障绝缘杆 X 光检测图片

从 X 光检测的结果来看,击穿的绝缘拉杆内部没有气泡、裂纹等制造上的缺陷,绝缘杆两端也没有机械损伤痕迹。

②显微镜检查。为了更好地检查绝缘杆的损坏情况,对绝缘杆进行了显微镜检查,如图 3-6 所示。

图 3-6   显微镜检查情况

　　从显微镜检测结果来看，绝缘杆表面损伤部位离散地分布着银白色的金属物质，初步认定为金属铝烧熔后喷射在绝缘杆表面上。

　　厂家国外研究中心对故障绝缘杆进行了绝缘杆材料、电气及机械性能的相关检查。其检测结论如下。

　　①绝缘杆无机械操作的迹象。

　　②绝缘杆表面无直接闪络的迹象，绝缘杆内部及外部均未发现连续的放电路径；仅发现由电弧引起的烧蚀颜色的变化。

　　③绝缘杆材质的玻璃化温度约为 129℃，符合该材质的化学特性，绝缘杆的化学及物理特性完全满足其材质要求。

　　④绝缘杆浸透质量完好。

　　(3)故障间隔返厂检查情况。

　　2014 年 6 月 4 日至 6 月 5 日，对返厂的设备模块开展了进一步检查和故障分析。

　　①隔离开关厂内目视检查。

　　a. 检查隔离开关模块。模块外壳良好，如图 3-7 所示。

图 3-7　隔离开关模块

　　b. 拆下隔离开关的动触点，并进行了解体检查。动触点侧只有一面烧蚀严重，另一面完好，如图 3-8 所示。

图 3-8　隔离开关动触点(左图为烧蚀的一面，右图为另一面)

c. 动触点屏蔽罩内有大量的铝屑，如图 3-9 所示。

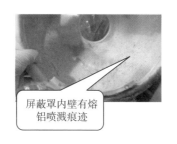
屏蔽罩内壁有熔铝喷溅痕迹

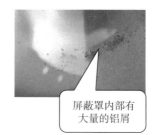
屏蔽罩内部有大量的铝屑

图 3-9　隔离开关动触点屏蔽罩内部检查情况

动触点其他部件内部无碎屑，绝缘杆靠导电极处有一个黑色的坑，经分析，是由熔铝掉落在上面造成的。

d. 拆下隔离开关的静触点部分。静触点及触指表面无损伤的痕迹，内部无金属屑或金属丝之类的异物，但是触点镀银区域表面呈褐色，经厂家明确，褐色物质为 Ag_2S，这是开盖后 SF_6 分解物、水与银化学反应后的产物。该情况在动弧触点也同样有发生。

②其他壳体内部元件目视检查。

对隔离开关上端的模块进行了解体，未发现金属颗粒或其他异物，导体及连接处部件表面无缺损现象。

③隔离开关内部零件相关尺寸及表面喷漆检查。

检查了从隔离开关气室拆下的零部件，测试了隔离开关气室导体连接部位屏蔽罩表面漆的附着力，未发现异常。

3. 故障原因分析及处理措施

(1) 故障原因分析。

经过以上解体检查和测试，对造成此次短路故障的原因分析如下。

①经过对故障气室的解体检查，可以明确故障点就是 57232 隔离开关 C 相的绝缘杆，为动触点均压罩经绝缘杆向隔离开关机构法兰盖板放电。

②对故障隔离开关绝缘杆开展了表面及内部结构检测，厂家国外研究中心对绝缘杆开展了绝缘杆材料、电气及机械性能的相关检查，通过两者的检测结果，表明绝缘杆自身不存在材料、工艺缺陷。

③从故障点查找、更换安装及返厂 3 个阶段的检查来看，未在故障气室内发现有导致绝缘杆击穿的异物，包括金属类或非金属类的。

④对故障隔离开关内部零件开展了尺寸及表面喷漆的测试，排除了屏蔽罩、导体、盖板等连接件缺陷造成的放电。

　　综上所述，本次故障属于个别情况。故障最可能的原因为厂内装配或现场安装过程中引入的偶然性异物在电场的作用下移至屏蔽罩和绝缘杆附近引起了电场畸变，导致绝缘杆沿面闪络放电。电弧的可能发展路径如图 3-10 所示。

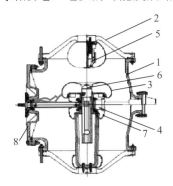

1—外壳；2—绝缘子；3—上屏蔽罩；4—接地静触点；5—隔离开关静触点；6—隔离开关动触点；7—下屏蔽罩；8—盖板

图 3-10　电弧的可能发展路径

　　(2) 处理措施。

　　① 需要对该变电站 500kV GIS 设备开展多次全面的超声、超高频局部放电检测，以检查是否存在局放现象。

　　② 对局放检测存在问题的气室进行检查并更换绝缘拉杆。

3.2　GIS 支撑绝缘子断裂故障

1. 故障情况简介

　　2011 年 10 月 25 日 15 时，变电站值班人员在 GIS 室巡视时听到 110kV GIS 某线路间隔发出间歇性的、声响较大的异响。

　　2011 年 10 月 26 日 10 时，152 断路器断开，1521、1526 隔离开关打开，该线路退出运行，但 110kV GIS 母线仍为运行状态。此后 110kV GIS 某线路间隔异响的声响变小，但仍间歇性响起。

2. 故障检查情况

　　(1) 现场检查情况。

　　① 局放检测。

　　a. 超声波法。

使用 AIA-1 超声波局部放电测试仪对 110kV GIS 进行了局部放电检测、识别和定位。检测结果表明：110kV 异响间隔母线侧 1521 隔离开关下方 A 相出线位置附近有间歇性的、弱的局部放电信号，局部放电源可能位于中心导体上。

图 3-11(a)、(b)为异响停止时的超声波谱图，图 3-11(c)、(d)为异响发生时的超声波谱图。从图中可以看出，放电是间歇式的，异响与局部放电信号同时出现和消失。

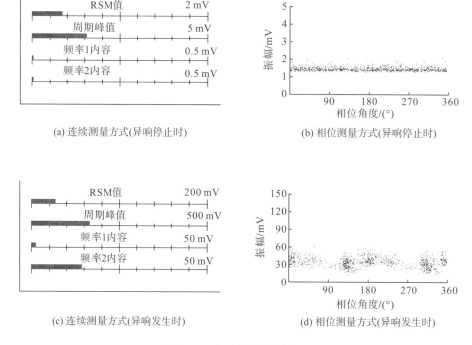

图 3-11 超声波法检测结果

根据图 3-11 中的超声波法检测结果和局部放电严重程度判断，认为 110kV GIS 中存在弱的局部放电。

通过检测发现，超声波幅值较高的位置分布范围较广。同时，将超声波上限频率从 100kHz 减小到 50kHz，发现 50/100kHz 信号未明显减小，判断局部放电源可能在中心导体上。

通过在连续测量方式下沿着壳体逐渐移动传感器并监视超声波信号幅值直到信号幅值最高的位置，对局部放电位置进行了定位。定位结果认为：放电源位置在异响间隔母线侧 1521 隔离开关下方 A 相出线位置附近。

b. 超高频法。

使用 PM05 便携式局部放电检测系统对 110kV GIS 室进行了超高频局部放电

检测、识别和定位。通过 DMS 专家系统分析，认为异响间隔母线侧有幅值较强的、间歇性的、放电密度较大的浮动电极局部放电信号，如图 3-12 所示。

(a) PM05便携式局部放电检测系统

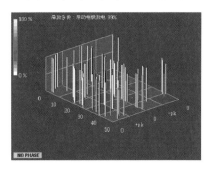

(b) 局部放电单周期及类型判断图

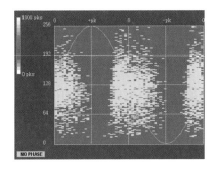

(c) 局部放电PRPD谱图

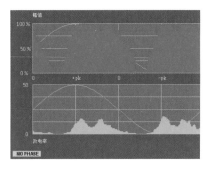

(d) 局部放电峰值保持图

图 3-12　DMS 超高频局部放电测试仪检测图

　　除了使用 PM05 便携式局放检测系统外，还使用多个超高频传感器，配合高性能示波器，对 110kV GIS 的多个盆式绝缘子位置进行检测。通过幅值差异和时差关系对比，判定局部放电位置在异响间隔母线侧 1521 隔离开关下方 A 相出线附近，这与超声波法的定位位置是一致的，如图 3-13 所示。

　　c. 暂态对地电压法。

　　对 110kV GIS 进行了暂态对地电压法检测。

　　2011 年 10 月 27 日晚上，当异响停止时，GIS 外壳的暂态对地电压法幅值约为 4dBmV；当异响发生时，GIS 外壳暂态对地电压法幅值约为 25dBmV。

　　2011 年 10 月 28 日早上，一直未听到 110kV GIS 异响，GIS 外壳暂态对地电压法幅值约为 6dBmV。

　　②气样分析法。

　　对 152 断路器母线侧气室、102 断路器母线侧气室内六氟化硫气体进行了检测。

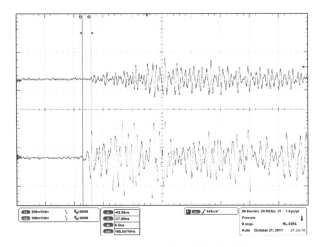

图 3-13　局部放电超高频法波形图

检测结果表明：使用 YR-GCT-100 便携式六氟化硫分解产物测试仪对两台设备内六氟化硫气体进行现场检测，未检测到二氧化硫及硫化氢；使用 GC-MS 对样品进行检测，未检测到氟化硫酰、硫化氢及二氧化硫；使用气相色谱对样品进行空气、四氟化碳含量检测，检测结果合格。

③X 射线数字成像技术。

利用 X 射线数字成像 DR 检测技术对该站 GIS 母线疑似缺陷位置进行可视化无损检测和缺陷判断分析。

检测结果表明：

a. 异响间隔母线侧 1521 隔离开关下方 A 相出线位置的 B 相支撑绝缘子断裂，断裂的绝缘子上下两部分存在错位现象，另一相为完好的绝缘子，由此可以发现 B 相支撑绝缘子存在断裂故障，如图 3-14 所示。

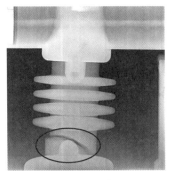

(a) 断裂的绝缘子　　　　　　　　　(b) 完好的绝缘子

图 3-14　支撑绝缘子断裂的 X 射线成像效果图

　　b. 异响间隔母线侧 1521 隔离开关下方位置 A 相、B 相出线导杆向右侧歪斜，如图 3-15(a)所示。图 3-15(b)所示的是用于对比的正常的异响间隔母线侧 1901 隔离开关下方位置出线导杆。

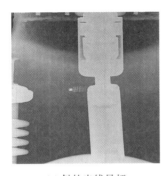

　　　　　　(a) 斜的出线导杆　　　　　　　　　　　　(b) 正常的出线导杆

图 3-15　出线导杆连接部位的 X 射线成像效果图

　　(2) 解体情况。

　　解体后，发现异响间隔母线侧 1521 隔离开关下方 A 相出线位置的 B 相支撑绝缘子整体断裂，断裂绝缘子上下两部分错位约 16mm，伞裙上部有片状的黑色痕迹，断裂绝缘子附近的 GIS 罐体上有黑色粉末和绝缘子碎片，如图 3-16 所示。经过分析，认为伞裙上部的黑色痕迹是爬电痕迹，绝缘子表面发生了沿面放电。

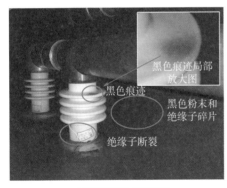

　　　　　(a) 断裂绝缘子未拆卸前　　　　　　　　　　(b) 断裂绝缘子拆卸后

图 3-16　解体后的故障绝缘子

　　多个中心导体上顶丝顶住的位置有 10mm 左右的划痕，多个顶丝顶部扭曲，三相中心导体端面不平齐，A、B 两相出线导杆连接处歪斜，紧固螺丝上的垫圈残缺，如图 3-17 所示。经过分析，认为该 GIS 装配工艺存在较大的缺陷。

(a) 中心导体上顶丝顶住的位置有划痕

(b) 顶丝顶部扭曲

(c) 三相中心导体端面不平齐(1)

(d) 三相中心导体端面不平齐(2)

(e) A相、B相出线导杆连接处歪斜

(f) 紧固螺丝上的垫圈残缺

图 3-17　装配工艺缺陷

中心导体表面有腐蚀痕迹(触点等金属接触部分镀银层无腐蚀痕迹),如图 3-18 所示。

图 3-18　中心导体表面的腐蚀痕迹

3. 故障原因分析及处理措施

(1)故障原因分析。

经过以上解体检查和测试,对造成此次故障的原因分析如下。

①GIS 内部绝缘子存在断裂,且其支柱绝缘子表面发生了沿面放电。

②GIS 装配工艺存在较大的缺陷,导致 GIS 在运行情况的一定条件下存在异响,且使导体存在局部放电现象。

(2)处理措施。

①更换断裂的支柱绝缘子。

②建议厂家严格控制装配工艺 ,建议供电企业严格把控设备的出厂试验和现场交接试验质量,严防不合格设备入网。

3.3　GIS 内部绝缘故障

1. 故障情况简介

2013 年 8 月 7 日,220kV 某变电站 220kV 第一、第二套母线保护Ⅱ段母线差动动作出口,220kV 2 号主变电站的 220kV 线路的 202 断路器、220kV 母联 212 断路器跳闸。故障相别为 A 相。

2. 故障检查情况

(1)现场检查及处理情况。

故障发生后,对故障设备进行检查。现场检查情况如下。

①外观检查,220kV 某变电站 220kV Ⅱ段母线及相关设备外观检查无异常。

②对 220kV Ⅱ段母线及相关母线侧隔离开关气室进行了 SF_6 分解产物分析,根据分析结果,确定 220kV 文开Ⅰ回线 284 断路器Ⅱ段母线侧 2842 隔离开关气室 SF_6 分解产物超标,其余气室 SF_6 分解产物均满足规程要求。根据该结果,初步判断 220kV 文开Ⅰ回线 284 断路器Ⅱ段母线侧 2842 隔离开关 A 相靠母线侧静触点发生了击穿。发生击穿的位置,以及当时 GIS 相关各部件所处位置如图 3-19 所示。

③在明确 GIS 击穿部位为 2842 隔离开关 A 相后,将该隔离开关气室检修手孔门打开后,发现该气室内部有放电及烧黑的情况(图 3-20),即明确了该气隔为发生故障的隔离开关气隔。

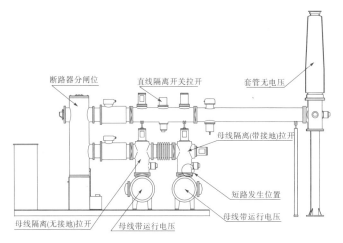

断路器分闸位　　直线隔离开关拉开　　套管无电压

母线隔离(带接地)拉开

短路发生位置

母线隔离(无接地)拉开　母线带运行电压　母线带运行电压

图 3-19　220kV 某变电站 2842 隔离开关击穿位置示意图

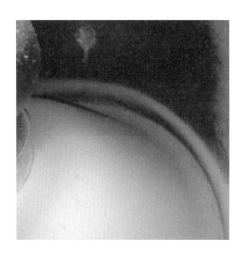

图 3-20　发生击穿的 2842 隔离开关

(2)故障间隔检查情况。

2013 年 8 月 16 日,对故障的 GIS 进行了开罐检查,检查情况如下。

①故障 GIS 整体情况如下。

经过开罐检查,可以明确本次 GIS 内部绝缘故障是由 220kV 某变电站 2842 隔离开关 A 相沿底部盆式绝缘子闪络后,在 GIS 罐体和 2842 隔离开关静触点屏蔽罩之间(最短空间距离)燃弧引起的。从解体结果来看,GIS 罐体处已经烧出一个小坑,而 2842 隔离开关静触点屏蔽罩烧蚀严重。隔离开关动触点及接地开关部位没有烧蚀痕迹,如图 3-21～图 3-27 所示。

图 3-21　2842 隔离开关击穿部位整体图

图 3-22　盆式绝缘子有 1/4 存在烧蚀痕迹

图 3-23　静触点屏蔽罩有电弧灼烧痕迹

图 3-24　GIS 罐体内部被烧出一个小坑

图 3-25　2842 隔离开关 A 相静触点
　　　　无电弧烧蚀痕迹

图 3-26　2842 隔离开关 A 相动触
　　　　点无电弧烧蚀痕迹

图 3-27　28427 接地开关及隔离开关气室
上部盆式绝缘子无电弧烧蚀痕迹

②开罐检查发现的问题如下。

a. 在 2842 隔离开关 A 相静触点内发现了一根长约 3cm 的金属异物,如图 3-28
和图 3-29 所示。

图 3-28　2842 隔离开关 A 相静触点　　　　　图 3-29　取出后的金属异物
　　　　　存在一根金属异物

b. 在 2842 隔离开关 A 相动触点内壁存在部分细丝状异物, 如图 3-30 所示。

图 3-30　细丝状异物

（3）故障间隔返厂解体检查情况。

①拆除故障盆式绝缘子后，发现盆式绝缘子外边缘存在一条异常的黑边，用无水酒精对盆式绝缘子进行了清洗，除了烧伤及高温灼伤的痕迹，未发现盆式绝缘子有爬电痕迹，盆式绝缘子中部存在部分灼烧的坑洞。初步分析那条黑边应该是盆式绝缘子密封圈上涂抹硅脂在电弧高温下流淌造成的，如图 3-31～图 3-35 所示。

图 3-31　返厂故障盆式绝缘子外观

图 3-32　经过酒精清洗后的故障盆式绝缘子

图 3-33　盆式绝缘子表面无爬电痕迹

图 3-34　盆式绝缘子外边缘存在异常

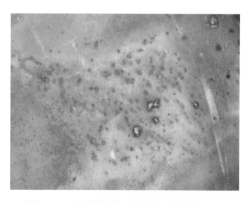

图 3-35　盆式绝缘子中部存在灼烧坑洞

②拆除故障隔离开关气室接地拐臂箱后，检查接地开关动静触点正常，无镀层磨损现象。

③拆除故障隔离开关气室隔离开关操作杆后，检查隔离开关动触点杆内壁有丝状物，将该隔离开关动触点杆锯开后，明确该丝状异物为纤维丝。

④解体非故障盆式绝缘子后，发现该盆式绝缘子靠密封圈处存在部分不明黑色油脂状异物。

⑤经过现场落实该 GIS 的工厂安装记录，该隔离开关气室隔离开关及接地开关均在安装完成后进行了 200 次的慢分、慢合试验后才提交总装，满足南方电网 2012 年要求。

3. 故障原因分析及处理措施

(1) 故障原因分析。

经过以上解体检查，对造成此次短路事故的原因分析如下。

①经过对故障盆式绝缘子的解体及清洗，未发现盆式绝缘子有爬电痕迹，盆式绝缘子中部存在部分灼烧的坑洞。可以明确不是盆式绝缘子自身质量导致的此次 GIS 击穿；也不是盆式绝缘子表面脏污引起爬电导致的 GIS 击穿；此次 GIS 内绝缘击穿最有可能的是金属异物导致。

②由于在解体检修时，发现了在 2842 隔离开关 A 相静触点内存在一根长约 3cm 的金属异物，如果是有一根类似的金属异物落在盆式绝缘子表面，将有可能导致 GIS 击穿，且电弧的高温将使得这根金属异物烧熔，对盆式绝缘子造成类似的表面坑洞。

③从对金属异物的检查情况来看，该金属异物主要是铝合金材料，而隔离开关气室内触点及触指采用的是紫铜材质，屏蔽罩采用的是不锈钢材质。因此，该异物不应是触点装配时就存在于隔离开关静触点上的。

④从发现的异物形状来看，该金属异物长度较长，不像是较细的法兰连接螺丝造成的，其边缘较尖锐，不排除是铝导体加工或罐体法兰或法兰螺孔切削加工时产生的，不应是现场更换吸附剂时带入的。

⑤在交流耐压试验过程时，该异物可能位于壳体边沿低电位处或处于与电力线方向垂直的方式，由此造成的电场畸变不足以引发放电，但由于发生击穿时，220kV 某变电站正在进行 284 断路器预防性试验，可能由于断路器操作时的振动导致该金属异物改变方向，当异物的方向变为与电力线有一定夹角或完全平行于电力线时，此处的电场分布就会被严重破坏，造成绝缘子沿面放电，最终导致 GIS 击穿。

(2) 处理措施。

①根据 2010 年江苏电网公司某 ZF19-252 型 GIS 现场击穿的情况来看，当时在发生击穿的某 ZF19-252 型 GIS 主母线筒内也发现了类似的细长型金属异物。

这说明在该 GIS 组装过程中的清理存在不彻底的情况，对此需要对工厂安装及现场安装的防尘及清理工作加强关注，并考虑制定相关措施，以避免类似故障再次发生。

②建议积极开展 GIS 设备的超声、超高频检测，周期为 1 年/次，对发现局放异常的 GIS 气室，应辅以 SF$_6$ 分解产物分析。对局放及 SF$_6$ 分解产物检测均存在异常的，应联系厂家进行开罐检查，避免类似故障再次发生。

3.4 GIS 移位异响故障

1. 故障情况简介

2015 年 2 月 27 日下午运行人员巡视检查发现 220kV GIS 设备母线筒托架、底座螺栓连接部位有明显位移，III 段母线有异常声响，运行线路倒闸至 I 、 II 段母线，III 段母线退出运行。

该变电站 220kV GIS 是双母线单分段结构，三段母线分别为 1MA、2MB、2MA。其中，1MA 总长度为 76.8m，2MB 总长度为 43.2m，2MA 总长度为 31.8m。

2. 故障检查情况

(1) 现场检查情况。

2015 年 2 月 28 日上午到现场查看情况：从 III 段母线筒与母线托架划痕长度来看，最大位移量有 18mm；2 月 28 日 10 点到 18 点现场标记固定支架监测位移量(此期间温度为 20~32℃)，测量数据最大有 8mm 位移，且不时听到"嘭"的声音。初步分析认为：主要位移是母线筒随环境温度变化而引起伸缩造成的，伸缩变化产生声响(声响为间歇性，温度变化大时响声较为频繁)，且母线两端变化量较为明显，越往中间变化量越小，中间部位有 1~2mm 变化。

(2) 全天候 GIS 位移监测。

为了进一步确认最外侧间隔主母线筒的昼夜位移量， 2015 年 3 月 7 日，对某变电站 220kV GIS 进行了 24 小时的位移监测，发现最外侧间隔的昼夜最大位移量为 7mm。

GIS 设备技术协议中要求的环境极限温度为-10~40℃，此工程是 2014 年 9 月安装完成的，经查询当时设备安装时的环境温度约为 30℃。在一天时间里，下午 2 点至 5 点壳体温度比环境温度高 10~15℃。

3. 故障原因分析及处理措施

(1)故障原因分析。

该变电站 220kV GIS 设备自 2015 年 1 月 9 日投产运行至 2015 年 2 月 27 日发生故障已经将近 1 个半月，昼夜环境温差变化较大，测量当天约 20℃，加之 220kV 主母线过长（Ⅰ段母线长 36m，Ⅱ段母线长 43.5m，Ⅲ段母线长 81m），主母线筒热胀冷缩是 GIS 位移及母线筒异响的直接原因。

(2)处理措施。

①在母线筒两端使用合适的限位支架，使母线筒的总体长度保持不变。更换前需通过仿真计算等方式核算固定支架及角钢等支撑部件的强度。

②更换原有波纹管内部导体和触座，最终通过母线筒波纹管补偿由热胀冷缩带来的母线筒长度的变化。在更换前需要精确计算母线筒位移量及核算伸缩节整改前后导体的插入深度。

3.5　GIS 母线绝缘击穿故障

1. 故障情况简介

2014 年 5 月 17 日，500kV 某变电站 500kV 5341、5351、5312、5322、5041、5042 断路器事故跳闸，500kV Ⅲ段母线第一套、第二套母线差动保护动作，Ⅲ段母线失压；500kV 某变电站Ⅲ段母线连接线 5041、5042 断路器事故跳闸，断路器保护出口跳闸。

2. 故障检查情况

(1)现场检查情况。

故障发生后现场对故障设备进行检查。现场检查情况如下。

①外观检查。500kV GIS 相关设备外观检查无异常。

②根据 SF_6 分解产物分析，确定 53413 隔离开关 B 相至Ⅲ段母线气室 SF_6 分解产物超标，其余气室 SF_6 分解产物均满足规程要求。

③在明确 GIS 击穿部位为 500kV 某变电站Ⅲ段母线后，将该母线气室打开，发现该气室内有大量白色粉末，母线筒底部有大量支柱绝缘子碎片，如图 3-36 和图 3-37 所示。

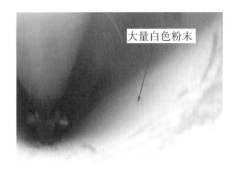 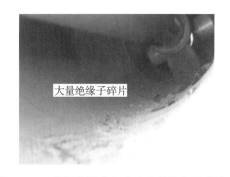

图 3-36　Ⅲ段母线气室存在大量白色粉末　　图 3-37　Ⅲ段母线筒底部存在大量绝缘子碎片

同时，其支柱绝缘子有电弧烧蚀痕迹且为碎片产生的部位，如图 3-38 所示。

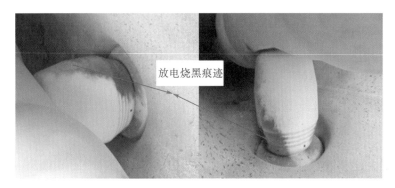

图 3-38　Ⅲ段母线气室支柱绝缘子有电弧烧蚀痕迹

(2)故障间隔返厂检查情况。

2014 年 5 月 25 日，各方人员在厂家对故障的 GIS 进行了解体检查，检查范围是根据故障部位而拆解的 500kV GIS Ⅲ段母线 41-B 气室的 MB3-8B、MB3-7B、CMB3-3B 母线段和与其连接的隔离开关/接地开关 DS44-B 气室，具体检查情况如下。

①母线段解体情况。

a. 母线段 CMB3-3B 解体情况：将母线段 CMB3-3B 盖板打开后，对其进行检查，母线筒导体和内壁有白色粉末，母线筒内壁、导体表面及支柱绝缘子均未发现放电和异常现象。

b. 母线段 MB3-7B3 解体情况：将母线段 MB3-7B3 盖板打开后，对其进行检查，盆式绝缘子表面未发现异常，导体和母线筒内壁有白色粉末，导体表面未发现异常现象。

c. 母线段 MB3-8B1 解体情况：将母线段 MB3-8B 分成 3 个部分进行解体，将母线段 MB3-8B1 盖板打开后，对其进行检查，母线筒导体和内壁有白色粉末，母线筒内壁、导体表面及支柱绝缘子均未发现放电和异常现象。

d. 母线段 MB3-8B2 解体情况：将母线段 MB3-8B2 盖板打开后，对其进行检查，母线筒导体和内壁有白色粉末，母线筒内壁、导体表面及支柱绝缘子均未发现放电和异常现象。

e. 故障母线段 MB3-8B3 解体情况：对故障母线段 MB3-8B3 进行检查后，发现放电点的母线筒外壳有鼓包且有掉漆，掉漆是在运输过程中造成的，在现场检查时母线筒外壳没有掉漆。将故障母线段 MB3-8B3 包装盖板打开后，对其进行检查，发现在运输过程中造成绝缘击穿的绝缘子根部断裂并产生了移动，从而在筒体内散落了更多的绝缘子碎片，支柱绝缘子拆除后母线筒壳体内有烧蚀痕迹。检查发现，在支柱绝缘子与导体连接缝隙中有大量黄色粉末，观察到支柱绝缘子左侧、支柱绝缘子固定法兰处均有明显的烧蚀痕迹，支柱绝缘子右侧也有明显烧蚀痕迹。左侧支柱绝缘子朝向内侧发生贯穿性破碎及放电路径。在面向支柱绝缘子破碎方向上，与绝缘子连接的铸铝导体表面覆盖类似铝箔的金属物，该物质是铝材烧熔后喷射到导体上形成的分解物，经水洗后故障支柱绝缘子导电杆上的黑色痕迹仍存在，如图 3-39 所示。

电弧烧蚀痕迹

电弧烧蚀痕迹

图 3-39   支柱绝缘子左侧及其固定法兰处电弧烧蚀痕迹情况图

②隔离开关/接地开关气室解体情况。

将隔离开关/接地开关 DS44-B 段盖板打开后，对其进行检查，隔离开关/接地开关内部和导体表面洁净，检查未发现异常。

3. 故障原因分析及处理措施

(1)故障原因分析。

经过以上解体检查和分析，对造成此次失压事故的原因分析如下。

①经过对故障母线气室的解体检查，可以明确造成此次 500kV 某变电站Ⅲ段

母线失压是由 MB3-8B3 母线段支柱绝缘子产生的放电导致的。

②从放电路径上来看，MB3-8B3 母线段故障支柱绝缘子上有两条贯穿性的放电路径，一条是沿故障支柱绝缘子表面爬电，一条是沿支柱绝缘子内部产生的贯穿性放电。从两端电极烧蚀情况来看，导致短路的大电流是沿支柱绝缘子内部这条贯穿性放电路径放电的，也因为大电流的通过，导致了该支柱绝缘子的炸裂。而对于支柱绝缘子沿面的放电，由于其放电路径的炭化深度较深，应不是大电流短期通流造成的，而是 500kV Ⅲ段母线保护动作后，因母线电容及断路器断口电容值是可比的，在电容耦合长期小电流下作用的结果。因此，导致 500kV Ⅲ段母线击穿是由支柱绝缘子内部产生的贯穿性放电导致的。

③从相关文献资料可知：大多支柱绝缘子内部贯穿性破坏的原因是其内部有裂纹、气隙等缺陷。这些缺陷可在制造、运输或安装过程中产生，在 GIS 设备长期运行过程中，造成支柱绝缘子内部缺陷不断扩大，形成放电路径，最终导致击穿。

(2) 处理措施。

对故障部位进行更换处理。

3.6　GIS 接地开关漏气故障

1. 故障情况简介

2017 年某电网发生 3 起某厂家生产的 ZF11-252(L)型接地开关金属盆与盆式绝缘子之间连接部位处漏气故障，分别如下。

(1) 2017 年 7 月 24 日，某供电局 500kV 某变电站 220kV 甘大线 2914 隔离开关 SF$_6$ 气体压力下降达告警值 0.43MPa。经检测发现，漏点位于 220kV 甘大线 29147 接地开关 C 相机构金属盆与盆式绝缘子之间的连接部位。

(2) 2017 年 8 月 6 日，某供电局 500kV 某变电站 220kV 甘徐线 2894 隔离开关气室压力降低至 0.47MPa。经检测发现，漏点位于 220kV 甘徐线 28947 接地开关 C 相机构金属盆与绝缘盆之间的连接部位。

(3) 2017 年 5 月 3 日，220kV 某变电站 220kV 德瑞Ⅰ回线Ⅱ段母线侧 2462 隔离开关气室压力降低至 0.441MPa。经检测发现，漏点位于 220kV 德瑞Ⅰ回线Ⅱ段母线侧 24627 接地开关 C 相机构金属盆与盆式绝缘子之间的连接部位。

2. 故障检查情况

2017 年 7 月 28 日，对某供电局 500kV 某变电站 220kV 甘大线 29147 接地开关 C 相进行解体检查，检查结果如下。

①接地开关底座法兰面与盆式绝缘子之间存在 0.5mm 的间隙，如图 3-40 所示。

②接地开关底座法兰面存在多处坑槽，坑槽的位置与内外密封圈位置高度重叠，如图 3-41 所示。

③接地开关底座法兰面与盆式绝缘子之间的外密封圈位置的坑槽多于内密封圈，坑槽周边有明显水渍脏污现象，如图 3-42 和图 3-43 所示。

鉴于坑槽只集中分布在内外密封圈安装处及水渍坑槽周边出现脏污氧化情况，坑槽极可能是水及污渍通过接地开关底座法兰面与盆式绝缘子之间 0.5mm 的间隙浸入密封圈处，与密封圈涂抹的润滑密封物质发生化学腐蚀导致坑槽的出现。同时，由于外密封圈最先接触更多的水渍脏污，外密封圈位置的坑槽多于内密封圈，也可以反证坑槽是由水渍与密封圈发生化学反应导致的。

图 3-40 接地开关底座法兰面与盆式绝缘子间隙　图 3-41 接地开关底座法兰面的坑槽位置分布

图 3-42 接地开关底座法兰面整体脏污情况　图 3-43 接地开关底座法兰面局部脏污情况

3. 绝缘套形变检查

(1)总体情况概述。

针对送样的绝缘垫片在运行过程中频繁发生松动而造成的密封面漏气问题，对该样品及新样品的各项性能进行了测试，目的在于对其松动的原因进行初步分析。

测试包括绝缘垫片的尺寸、金属螺杆尺寸、绝缘垫片硬度、红外光谱、扫描电镜、能谱分析及热膨胀系数等。初步研究表明，绝缘垫片材料在运行过程中发生了劣化，导致包括热膨胀系数在内的一些性能参数下降，从而引起内径逐渐增大，并最终导致与之配合的金属螺杆发生松动。

(2)测试样品及编号。

本次测试的样品为 A、B 两类，如表 3-3 所示。每一类样品对比分析了新样品(A-新样，B-新样)和使用后的(A-旧样，B-旧样)样品。两类样品使用的材质相同，所不同的是 A 类样品与 B 类样品相比，有更厚的壁厚尺寸。

表 3-3　样品比较

	A-新样	A-旧样	B-新样	B-旧样
绝缘垫片				
金属螺杆				
两类样品形状对比				

(3)绝缘垫片尺寸测量。

首先对绝缘垫片的尺寸进行测量，其示意图如图 3-44 所示。

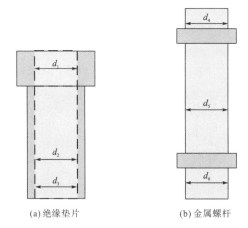

(a) 绝缘垫片   (b) 金属螺杆

图 3-44 绝缘垫片及金属螺杆尺寸测量示意图

垫片及螺杆尺寸测量结果如表 3-4 所示。

表 3-4 垫片及螺杆尺寸测量结果

	尺寸/mm	A-新样	A-旧样	变化率/%	B-新样	B-旧样	变化率/%
垫片	d_1	12.03	12.09	0.50	12.02	12.10	0.67
	d_2	12.17	12.28	0.90	12.21	12.50	2.38
	d_3	16.99	17.01	0.12	13.36	13.53	1.27
	垫片壁厚=d_3-d_2	4.82	4.73	−1.9	1.15	1.03	−10.43
螺杆	d_4	—	11.99	—	—	11.85	—
	d_5	—	11.82	—	—	11.72	—
	d_6	—	11.84	—	—	11.69	—

从外形来看，使用后的绝缘垫片样品内、外径尺寸均较新样品有所增加，两类样品的壁厚均有所减少。尤其对于 B 样品，其使用前后下部内径尺寸增长率达到了 2.38%，垫片壁厚减小了 10.43%。这种尺寸变化会严重影响绝缘垫片与内部金属杆的配合，导致其发生松动。

（4）垫片硬度测试。

对使用前后绝缘垫片样品的硬度进行了测量和对比，结果表明 A 类和 B 类样品在使用后，硬度均比使用前有明显下降，约为 5%，如表 3-5 所示。

表 3-5 垫片的维氏硬度测量结果

样品	HR 硬度					平均 HR 硬度
	1 次测试	2 次测试	3 次测试	4 次测试	5 次测试	

A-新样	94.66	94.45	94.47	95.09	94.9	94.71
A-旧样	90.39	89.58	89.49	90.36	89.85	89.93
B-新样	91.29	90.78	90.10	91.72	93.53	91.48
B-旧样	85.75	87.49	85.21	87.55	88.61	86.92

(5)垫片红外光谱测量。

如图 3-45 所示，对使用前后 A 类样品垫片的红外光谱进行扫描，结果表明使用前后垫片的材料基团未发生变化，说明运行过程中垫片材料发生化学反应的可能性较低。

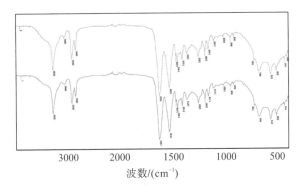

图 3-45　新旧样品的红外光谱测量

(6)垫片表面微观形貌扫描。

采用扫描电镜在不同的放大倍数下观察垫片材料的表面形貌，如表 3-6 所示。可以看出，新样品的表面纹理清晰，表面光滑，而使用后的样品则出现明显的颗粒状及长条状物质，且表面变得粗糙不平。

表 3-6　垫片材料的表面形貌

样品	表面形貌			
A-新样				
放大倍数	150	300	1000	1000

续表

样品	表面形貌			
A-旧样				
放大倍数	150	550	2500	6000
B-旧样				
放大倍数	150	600	3000	7000

进一步对新、旧样品进行能谱扫描以分析其元素，如图 3-46 所示。可以看到，使用后的样品表面检出有 Zn、Fe 等金属物质，应该是与金属螺杆摩擦后附着于样品上面的。

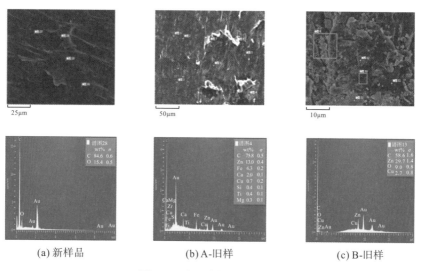

(a) 新样品   (b) A-旧样   (c) B-旧样

图 3-46 新旧样品能谱分析

(7) 绝缘样品热膨胀系数测量。

使用前后样品的热膨胀系数测量结果如图 3-47 所示，其中，图 3-47(a)所示为升温过程中新旧样品的热膨胀系数变化情况，可以看出，使用后的样品热膨胀系数均明显大于新样品。以 A 样品在 60℃下的热膨胀系数为例，新样品约为 $52\times10^{-2}/℃$，而使用后的样品达到了 $10.2\times10^{-2}/℃$，两者相差近一倍，对于 B

样品也有类似的规律。为了进一步验证测试结果，对样品进行了升温后降温，并测试该过程中的热膨胀系数变化情况，如图 3-47(b) 所示。可以看出，除了重复再现图 3-47(a) 所示的规律以外，A 类使用后的样品在升、降温过程中，热膨胀系数呈现迟滞形状，即升温后再降温过程中，热膨胀系数高于之前升温过程中测量的值。

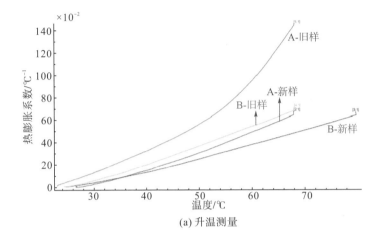

(a) 升温测量

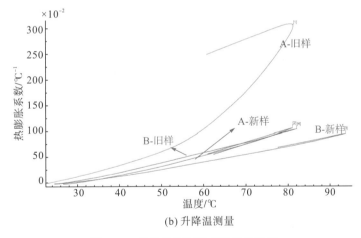

(b) 升降温测量

图 3-47　样品的热膨胀系数测量结果

考虑到金属的热膨胀系数远远小于绝缘材料(如 20℃ 下：铝为 $23.2 \times 10^{-6}/℃$，铁为 $12.2 \times 10^{-6}/℃$)，因此可以认为在温度发生变化时，金属不发生形变。而绝缘垫片由于较大的热膨胀系数，发生了明显的形变，在温度下降后，又无法恢复到原来的尺寸，引起内径逐渐增大，并最终导致与之配合的金属螺杆发生松动，尤其是使用后的样品，该现象更为严重。

综合上述测试结果表明，绝缘材料垫片在使用过程中性能发生了劣化，具体表现在硬度下降、热膨胀系数变大等，但红外检测结果并未看到有新的基团生成，劣化的本质和原因需要进一步研究。

由于老化导致热膨胀系数的增大，以及升降温过程中热膨胀系数的差异，垫片在运行过程中内径尺寸逐渐变大，金属螺杆发生松动，与垫片之间形成位移，而金属的硬度远大于绝缘材料，在相互摩擦过程中损坏绝缘材料的表面，部分材料脱落，在接触面上呈现粉末状，进一步加剧了金属螺杆与绝缘垫片之间的松动。

4. 故障原因分析及处理措施

(1) 故障原因分析。

绝缘套在使用过程中性能发生了劣化，具体表现为硬度下降、热膨胀系数变大等。由于绝缘套老化导致热膨胀系数的增大，以及升降温过程中热膨胀系数的差异，在运行过程中绝缘套内径尺寸逐渐变大，导致金属螺栓发生松动。螺栓松动后其紧固力矩不足，密封圈径向压缩量不足，造成接地开关底座法兰面与盆式绝缘子存在间隙，最终导致接地开关气室漏气。

(2) 处理措施。

对某电网在运行的某厂家生产的 ZF11-252(L) 型 GIS 接地开关开展底座法兰面与盆式绝缘子之间的间隙检查。

①某厂家结合某电网 ZF11-252(L) 型 GIS 专业巡维情况明确间隙异常标准。

②对于间隙在正常范围内的，结合停电采用新方案更换绝缘垫。

③对于间隙异常的，检修接地开关，更换相应部件。

3.7 GIS 隔离开关漏气故障

1. 故障情况简介

2015 年 10 月 31 日，某供电局运行人员巡视时发现 220kV 某变电站 1466 隔离开关气室表压为 0.02MPa。

2. 故障检查情况

(1) 现场检查情况。

检查结果表明漏气部位为 14660、14667 线形接地开关绝缘子，如图 3-48 所示。经与厂家沟通，厂家承认该类故障在某供电局及外省其他供电局发生过多起，建议将老式线形接地开关整体更换为新式线形接地开关，但考虑到新式线形接地开关备品生产需要较长时间，故作为临时措施，建议对两个绝缘子进行更换，等待第二年将老式线形接地开关更换为新式线形接地开关。

图 3-48　漏气部位

厂家技术人员现场对 14660、14667 线形接地开关绝缘子进行了更换。

更换过程中发现，14660 线形接地开关绝缘子底座法兰漏水现象明显。密封圈外部进水现象明显，经长时间腐蚀，绝缘子底座法兰密封圈外部变色、锈蚀现象明显，但密封圈内部未发现进水现象，如图 3-49 所示。

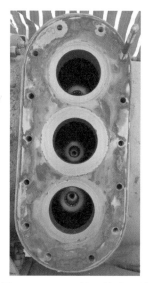

图 3-49　14660 线形接地开关
绝缘子底座法兰漏水

　　考虑到 14660、14667 线形接地开关绝缘子漏气，导致 1466 隔离开关气压降至接近大气压。虽然开盖检查结果未发现绝缘子密封圈内部及隔离开关气室进水，但不排除由于绝缘子密封不良导致外部湿气进入隔离开关气室内部的可能性，故要求厂家按照微水超标气室处理方案对 1466 隔离开关气室进行处理。

　　(2)探伤及 X 射线检测情况。

　　技术人员对更换下来的 14660、14667 线形接地开关绝缘子开展了探伤及 X 射线检测。

　　①14660 线形接地开关绝缘子探伤检测结果表明，14660 线形接地开关绝缘子表面存在一条长度约为 55mm 的裂纹，该裂纹自密封槽内部贯穿至密封槽外部，如图 3-50 所示。

　　②14660 线形接地开关绝缘子 X 射线检测结果表明，14660 线形接地开关绝缘子表面存在一条长度约为 55mm 的裂纹，与探伤结果一致。

　　③14667 线形接地开关绝缘子探伤检测和 X 射线检测结果无异常。

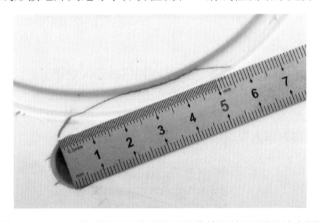

图 3-50　14660 线形接地开关绝缘子探伤检测结果(裂纹放大图)

3. 故障原因分析及处理措施

　　(1)故障原因分析。

　　对于 14660 线形接地开关，由于其裂纹与其他变电站同厂同型 GIS 线形接地开关绝缘子裂纹模式相似度较高，且该故障曾在国内频繁发生(除上述变电站或电厂外，经了解，该故障还曾出现在某水电厂、南方电网某供电局 220kV 某变电站、国家电网某供电局 220kV 某变电站等)，初步分析认为该线形接地开关存在家族性缺陷，该故障涉及的设备包括厂家 2013 年前生产的 ZF12-126(L)型 GIS 线形接地开关，如图 3-51 和图 3-52 所示。

　　由以上分析认为造成该绝缘子故障的主要原因为应力集中。由于老式线形接地开关绝缘子内部具有 3 个金属嵌件，这 3 个金属嵌件在绝缘子内部的分布不对称，不对称分布的金属嵌件可能由于生产或装配工艺控制不良(如生产时退火工艺控制不良导致应力未完全消除、装配时未按照工艺要求紧固螺栓造成绝缘子局部力矩过大导致长期受力不均匀)导致绝缘子应力集中，随着运行年限的增加及多年寒暑的温度变化，应力集中逐渐导致裂纹的出现和生长，并最终发生漏气。

(a) 裂纹1　　　　　　　　　　　　　(b) 裂纹2

图 3-51　某供电局 220kV 郭家凹变同厂同型 GIS 线形接地开关绝缘子裂纹

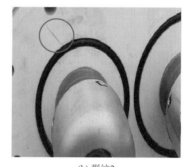

(a) 裂纹1　　　　　　　　　　　　　(b) 裂纹2

图 3-52　中石化某水电厂的同厂同型 GIS 线形接地开关绝缘子裂纹

对于 14667 线形接地开关，认为漏气原因为绝缘子安装时螺栓紧固不良。

绝缘子固定螺栓两端均为螺纹，螺栓下端安装在法兰安装孔，螺栓穿过绝缘子通孔，螺栓上端使用螺帽和垫片安装，使得绝缘子固定在法兰表面。

若采用正确紧固方式，螺栓下端完全插入法兰安装孔，则螺栓通过上端螺帽和垫片压紧绝缘子，使得绝缘子良好地紧固在法兰上，如图 3-53 (a)所示。若采用错误紧固方式，螺栓下端未完全插入法兰安装孔，则螺栓未通过上端螺帽和垫片压紧绝缘子，使得绝缘子未良好地紧固在法兰上，如图 3-53 (b)所示。

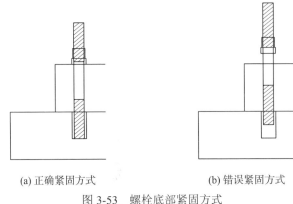

(a) 正确紧固方式   (b) 错误紧固方式

图 3-53   螺栓底部紧固方式

综上所述，得到如下结论。

①本次漏气故障的原因为：老式线形接地开关绝缘子内部具有不对称分布的3 个金属嵌件，不对称分布的金属嵌件可能由于生产或装配工艺控制不良导致绝缘子应力集中，随着运行年限的增加及多年寒暑的温度变化，应力集中逐渐导致裂纹的出现和生长，并最终发生漏气。

②该故障的主要风险在于：一旦隔离开关气室线形接地开关绝缘子开始漏气，则漏气速度较快，通常来说，最快在一周内、最慢在一个月内气室压力漏至接近零表压。若运行人员未及时发现后台报警信号，或者巡视周期较长，或者巡视时未注意观察表压，则该故障不容易被发现，一旦漏气至零表压而运行人员未及时发现，或者出现过电压等情况，可能造成严重的后果。

(2) 处理措施。

①建议对涉及该故障的老式线形接地开关进行停电更换，特别是对于运行年限较长或重点管控设备应尽快更换。

②对于尚未开展更换的故障设备，建议增加巡检次数，密切关注现场压力值及后台报警信号。特别是当温差较大时或隔离开关操作前后的一段时间内，应更加密切关注现场压力值及后台报警信号。同时做好隔离开关气室迅速漏气的应急处置预案。

3.8   HGIS 隔离开关绝缘故障

1. 故障情况简介

2006 年 12 月 30 日，某 500kV 变电站 500kV HGIS 母线保护动作切除 I 段母线侧的所有断路器(带电后约 400h)。故障电流约为 10kA，持续两个周波。

2. 故障检查情况

(1) 现场检查。

2007 年 1 月 5 日至 1 月 9 日，对故障设备进行了检查，结果如下。

①闪络发生在隔离开关动触点侧的支柱绝缘子上。

②支柱绝缘子严重损坏，炸开的碎块散落在罐体内。

③在顶部和底部嵌入金属上发现燃弧痕迹。

④除支柱绝缘子之外，未发现其他地方有闪络的痕迹。

⑤检查中没有发现其他异常的情况 (如异物存在或部件松动等)。

(2) 工厂分析和设计校核。

①损坏支柱绝缘子的详细检查。检查结果表明，仅在绝缘子内部发现闪络痕迹，外表面未发现 (这意味着闪络不是由外部异物侵入引起的)。在嵌入金属的高压侧和低压侧发现数个燃弧斑点。

②导位销的详细检查。拆下导位销后，在导位销的根部发现两条压痕。这些压痕位于 HGIS 的正面，与导体压痕所处的位置相同。

③损坏的支柱绝缘子的 X 射线分析。X 射线检测没有发现直径大于 0.3mm 的杂质和气泡。

④损坏的支柱绝缘子和嵌入金属闪络痕迹处的材料分析和杂质检查。除构成绝缘子的材料和金属之外，没有发现异物。因此，由绝缘子内部和嵌入金属上的杂质而引起闪络的情况是不可能的。

⑤从损坏的支柱绝缘子上取样进行特性检查。对支柱绝缘子的特性进行检查，结果表明 DTUL (读取负载变形温度) 和比重符合规定值。因此，绝缘材料的质量是没有问题的。

⑥对 HGIS 制造的每个环节故障的可能性评估。通过对绝缘子生产到工地安装过程中所有记录的审核，除了工地安装，其他环节出现故障的可能性基本上没有。

⑦推断的故障发生过程和重现试验。通过计算机分析可以确定，在套管安装时，套管如果摆动几十毫米，有可能引起绝缘子内部破裂。重现试验时，同样的压痕也出现在导位销和导体上。

3. 故障原因分析及处理措施

(1) 故障原因分析。

由分析可知，在导位销的根部和导体侧发现有压痕，压痕估计是在工地安装套管过程中，出现过高的挠曲力而产生的。如果该力作用在导体上，那么同样的压痕也会出现在导位销上。

对套管上部水平移动时的负荷进行仿真分析。假设套管本体的箱体连接作业时套管水平移动，用三维解析方法对绝缘套筒的弯曲应力进行解析和评价，并在两种条件下实施：用特氟龙导杆支撑的未束缚条件；靠导杆和特氟龙导杆固定的束缚条件，如图 3-54 所示。

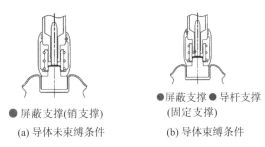

图 3-54　套管导体装配处连接状态图

综上分析，套管导体未束缚（销—固定）时，导体的弹簧常数为 2.8N/mm（127N/46mm），若发生束缚（固定—固定），弹簧常数为 14.0N/mm（726N/52mm），上升近 5 倍，上升值一旦发生束缚，在套管的变位量为 45mm 时绝缘套筒会发生内在开裂，52mm 时击穿，如图 3-55 所示。

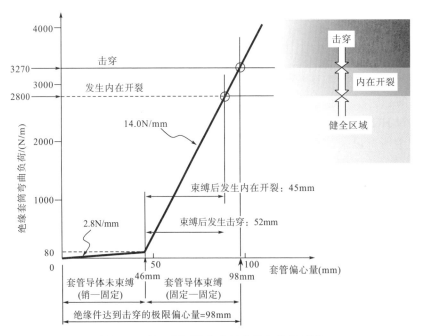

图 3-55　偏心量同绝缘套筒弯曲负荷关系图

综合考虑了各种检查和设计校核之后，认为现场安装套管时，没有预料到的过挠曲力使得支柱绝缘子损伤(内部局部裂纹)，因而导致运行中闪络。

(2)处理措施。

①对损坏的支柱绝缘子进行更换，更换后进行局放测试，要求局部放电量小于 50pC。

②对于同型设备相应部位进行状态评估检查。

③今后现场装配过程中的控制措施如下。

a. 在工地吊装套管时使用中心螺栓，这样在套管导体插入导位销时，吊车的晃动不会在支柱绝缘子上产生过大的力，如图 3-56(a)所示。

b. 改变导位销的设计，使其在支柱绝缘子上不会产生过大的力。当套管导体插入屏蔽罩后(接触到特氟龙定位)，导体的顶部处于自由位置，如图 3-56(b)所示。

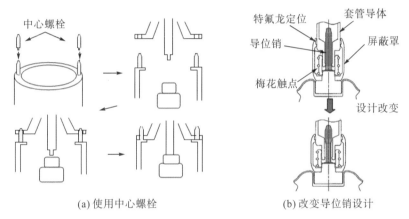

(a) 使用中心螺栓　　　　　　　　(b) 改变导位销设计

图 3-56　套管吊装过程中的控制措施

3.9　GIS 母线异响故障

1. 故障情况简介

2016 年 4 月 20 日 15:40，某供电局运行人员巡视时发现 220kV 某变电站 220kV GIS 靠近Ⅱ段母线电压互感器(TV)附近的Ⅱ段母线气室存在异响。

由于停运 220kV #2 主变电站，需要Ⅰ、Ⅱ段母线并列，倒闸操作过程中，合上母联 212 断路器后，出现了以下 3 个现象。

①220kV GIS 靠近Ⅱ段母线电压互感器(TV)附近的Ⅱ段母线气室异响消失。

②母联 212 断路器 B 相电流为零。

③220kV 盐金线、220kV 金者线出现电流不平衡现象。

考虑到上述 3 个现象与合上母联 212 断路器存在一定的关联性，故某供电局向省级调度部门申请断开母联 212 断路器。当母联 212 断路器断开后，出现了以下两个现象。

①220kV GIS Ⅱ段母线电压互感器(TV)附近异响又出现了。

②220kV 盐金线、220kV 金者线电流不平衡现象消失。

220kV GIS 靠近Ⅱ段母线电压互感器(TV)附近的Ⅱ段母线气室结构如图 3-57 所示。从结构图上来看，异响部位对应的 GIS 内部结构主要有导体连接件、支撑绝缘子。

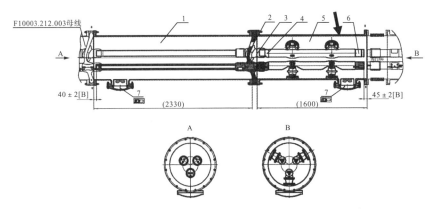

图 3-57　220kV GIS 靠近Ⅱ段母线电压互感器(TV)附近的Ⅱ段母线气室结构图

2. 故障检查情况

(1)现场检查情况。

①保护动作情况。

从 220kV 第二套母线保护报文来看，母联 212 断路器曾在 2016 年 1 月 29 日、3 月 3 日、3 月 26 日等多次进行过分合操作，但从保护报文来看，均未发现异常。仅在 4 月 20 日当天，出现多条线路电流互感器(TA)异常、母联电流互感器(TA)不平衡异常报警。

②SF_6气体分解产物分析。

停运后，开展了现场 SF_6 气体分解产物分析，检测过程中，有明显臭鸡蛋味。

220kV GIS 靠近Ⅱ段母线电压互感器(TV)附近的Ⅱ段母线气室的 SF_6 气体分解产物分析结果如表 3-7 和表 3-8 所示。

表 3-7　现场 SF_6 气体分解产物分析结果(某供电局现场检测结果)　　　　单位：μL/L

	SO_2	H_2S	HF	CO
第一次检测结果	50.4	0	0	0
第二次检测结果	17.5	4.09	2.59	0

表 3-8　实验室 SF_6 气体分解产物分析结果(送样至某电科院检测结果)　　单位：$\mu L/L$

	CF_4	C_3F_8	SO_2	H_2S	SO_2F_2	CO_2	$S_2F_{10}O$
Ⅰ号气瓶	0.7	4.96	—	—	0.02	97.99	—
Ⅱ号气瓶	3.52	5.67	152.96	—	71.22	5.92	0.52

除 220kV GIS 靠近Ⅱ段母线电压互感器(TV)附近的Ⅱ段母线气室外，220kV GIS 其余气室 SF_6 气体分解产物分析结果未发现异常。

根据《Q/CSG 114002—2011 电力设备预防性试验规程》相关规定，认为 220kV GIS 靠近Ⅱ段母线电压互感器(TV)附近的Ⅱ段母线气室内部应存在放电缺陷。

③回路电阻测试。

对母联 212 断路器进行了回路电阻测试，经过与厂家沟通确定该回路电阻值在正常范围内，未发现异常。

考虑到安全因素，未对 220kV GIS 靠近Ⅱ段母线电压互感器(TV)附近的Ⅱ段母线气室进行回路电阻测试。

④红外测温。

从 220kV GIS 红外测温历史记录来看，2016 年 3 月 9 日 23 时 3 分，某供电局曾对 220kV GIS 进行红外测温，当时环境温度为 7℃，外壳最高温度为 10.4℃，未发现明显的过热点。

⑤X 射线成像检测。

对 220kV GIS 靠近Ⅱ段母线电压互感器(TV)附近的Ⅱ段母线气室进行了 X 射线成像检测工作，未发现异常。

(2)开盖检查情况。

2016 年 4 月 24 日 17 时 29 分，由某厂家技术人员对 220kV GIS 靠近Ⅱ段母线电压互感器(TV)附近的Ⅱ段母线气室进行了开盖检查。首先对现场基础进行确认，并没有明显的移位和沉降异常；异常部位的波纹管用长螺杆固定，测量波纹管尺寸为 210mm。开盖检查过程中，有明显臭鸡蛋味。

开盖检查结果如下。

①伸缩节内部 B 相导电杆有明显烧蚀痕迹。使用万用表对烧蚀痕迹两端的导电杆进行测量，发现导电杆两端电气不通，如图 3-58(a)所示。

②罐体底部有大量粉末，如图 3-58(b)所示。

③几乎整个气室罐体底部均覆盖粉末，如图 3-58(c)所示。

④支撑绝缘子无明显烧蚀或闪络痕迹，如图 3-58(d)所示。

⑤盆式绝缘子无明显烧蚀或闪络痕迹。

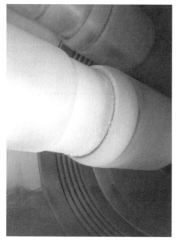
(a) B相导电杆有明显烧蚀痕迹

(b) 罐体底部有大量粉末

(c) 几乎整个气室罐体底部均覆盖粉末

(d) 支撑绝缘子无明显烧蚀或闪络痕迹

图 3-58　220kV GIS 靠近 Ⅱ 段母线电压互感器(TV)附近的 Ⅱ 段母线气室开盖检查情况

从开盖检查情况来看，220kV GIS 靠近 Ⅱ 段母线电压互感器(TV)附近的 Ⅱ 段母线气室伸缩节内部导电杆存在明显放电痕迹，初步判断放电原因为接触不良。

从故障发展过程来看，220kV GIS 靠近 Ⅱ 段母线电压互感器(TV)附近的 Ⅱ 段母线气室伸缩节内部导电杆存在接触不良现象，会导致回路电阻增大，引起局部过热、放电等现象，但正如前面所说，由于 220kV 某变电站特殊的运行方式(母联 212 断路器长期断开，流过 220kV GIS 靠近 Ⅱ 段母线电压互感器(TV)附近的 Ⅱ 段母线气室的电流较小)，导致局部过热现象不明显，再加上现场使用的红外测温仪测温精度有限(±2℃)，导致该故障不易通过常规的红外测温试验发现，直至该 GIS 投运 5 年后，导电杆出现断开、电流为零时才被发现。

（3）返厂解体检查情况。

2016 年 6 月 24 日，相关技术人员对故障的 II 段母线气室进行了解体，具体情况如图 3-59 所示。

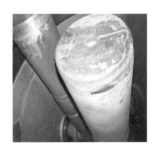

图 3-59　触点烧蚀情况

从图 3-59 中可以看出，B 相导电杆触点表面烧损严重，其余两相正常（表面黑色物质为 B 相对其的污染，导电杆与触指接触部位无异常）。从 B 相烧蚀痕迹可以看出一侧烧蚀要严重得多，甚至导电杆表面出现较深的坑（红圈所示部位），从红圈部分来看，明显能看到该部分导电杆表面有较深的触指压迫留下的痕迹，且沿着箭头方向，触指留下的压迫痕迹逐渐变浅，可以看出故障前触点插入触指已经发生倾斜，存在对中不良的情况。

正常情况下，触指应与倒角往里的部位接触压紧，从压痕位置可以看出，运行过程中，该导电杆存在插入深度不足的问题。

对于触指侧，B 相触指烧蚀较严重，其余两相则无异常。从 B 相触指的放大图来看，B 相触指烧蚀呈现出一端较另一端严重，下端触指屏蔽罩由于烧蚀厚度较上端要薄，该部位触指前伸插入屏蔽罩的部位已经由于屏蔽罩烧蚀而外露，可以看出触指的烧蚀情况与触点对应，均为一端较另一端严重。

　　从厂家了解到，该 GIS 在出厂及现场安装后，厂家均测过回路电阻，符合技术要求。投运后预试由于该母线不能停电，因此并没有进行过回路电阻测试。

3. 故障原因分析及处理措施

　　(1)故障原因分析

　　①某厂家对 GIS 内部导体与触点座触指的有效接触长度设计偏短，没有充分考虑到内部导体接触长度与波纹管的配合情况。当波纹管达到极限长度时，虽然波纹管长度仍处于正常范围内，但设计裕度不足及装配中的公差累计导致导体接触长度偏小。这是发生本次事件的首要原因。

　　②波纹管理论长度为 200mm，此时内部导体与触点座触指有效理论接触长度为 17.3mm；现场测量波纹管比理论长度长约 10mm，即此时波纹管长度为 210mm。因某变电站地处山区，温差较大，故推测波纹管比理论设计值长是由温差、地基偏差及装配误差引起的。

　　③根据厂内拆解尺寸测量及厂家所给的分析，B 相导体距离母线断面距离较A、C 相较大，即波纹管位置的 B 相导体插入滑动触点座的尺寸相对较小，B 相短于 A、C 相约 2mm，如图 3-60～图 3-62 所示。

图 3-60　静触点端面不在同一平面上

图 3-61　动触点不在同一平面上

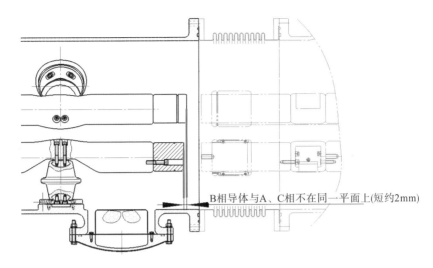

图 3-62　内部导体示意图

综合上述因素，当波纹管被拉伸 10mm（即波纹管长度为 210mm）；此时 A、C 相插入深度为 17.3-10=7.3mm；由于 B 相导体短于 A、C 相 2mm、滑动触点短 1mm，因此 B 相插入深度为 17.3-10-2-1=4.3mm；同时，由于在导体端部尺寸存在 6.9mm 的圆弧段(图 3-63)，因此 A、C 相插接尺寸为 7.3-6.9=0.4mm，此时触点与导体的直线段进行接触；而 B 相插接尺寸为 4.3-6.9=-2.6mm，即触点与导体靠圆弧段进行接触。也就是说，此种情况下，A、C 相处于可靠接触状态，而 B 相处于不可靠接触状态。在母线运行电场力的作用下，导致 B 相导体发生虚接放电。

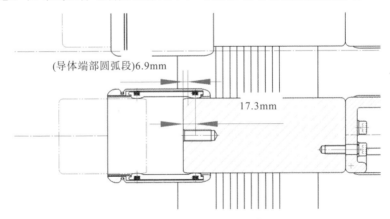

图 3-63　导体圆弧段尺寸

④安装时由于对中不良等，B 相导电杆与该连接部位存在应力，后期应力释放导致导电杆触点倾斜插入触指。该连接部位在波纹管附近，安装时波纹管两端地基偏差过大，导致触点倾斜插入的情况进一步加深；由于该站昼夜温差较大，

热胀冷缩导致导电杆触点"拔出",因此插入深度不足。

(2)处理措施。

①加强对 GIS 波纹管在安装和运维中的管控。建议厂家在安装时记录下波纹管安装好后的长度。对于特殊区域(昼夜温差大、地质结构较松、地震频繁),各供电局应加强户外 GIS 伸缩节变形量的监测工作,将监测工作纳入正常的设备运维管理范畴中。监测周期为每季度一次,在温度最高和最低的季节每月监测一次,重点关注的是作为温补使用的波纹管位置(波纹管两端没有采用长螺杆固定)。

②加强对 GIS 导体装配的管控。装配时严格控制三相共箱的导体端面在同一平面内。对于使用屏蔽罩连接的导体,建议标出能够保证导体足够插入深度的记号,以便于装配人员判断导体是否装配到位。

③增大滑动连接位置导体插入滑动触点位置的尺寸,厂家建议将原来设计值"17.3"修改为"29.3"。在增加设计裕度的同时,需要考虑导体能够承受的由对中不良或温差等其他原因导致的导体倾斜对于屏蔽罩的作用力。

3.10 GIS 隔离开关传动轴故障

1. 故障情况简介

2016 年 3 月 21 日,243 断路器由线路检修转为联 220kV I 段母线运行时,243断路器主一保护阻抗手合加速、差动手合动作;主二保护纵联手合、纵联差动保护、差动手合、距离手合、距离加速动作,243 断路器跳闸,重合闸未动作。主一保护测距为 1.688km,主二保护测距为 0.0124km,故障录波测距为 0.006km,故障相别 B 相,为 B 相接地短路故障。故障发生时该变电站周围地区天气晴朗,无雷击。

2. 故障检查情况

结合保护动作情况及故障录波图,故障点初步判断位于 243 断路器间隔 2436隔离开关 B 相气室及出线设备上。

(1)观察孔检查。

借助强光手电筒,从观察孔可以看清内部断路器、隔离开关及接地开关动、静触点的分、合闸位置情况。通过仔细观察,发现当 2436 隔离开关(三工位隔离开关)机构合闸位置、接地开关机构分闸位置时,B 相隔离开关本体处在分位、接地开关本体处在合位,与机构不一致,A、C 相均正常。随后又进行了几次分、合闸操作,结果一致。这表明 2436 隔离开关本体与机构传动失效。因此,初步怀疑 2436 隔离开关内部存在异常。

（2）隔离开关传动轴检查。

为了进一步明确 2436 隔离开关本体与机构传动失效的原因，打开隔离开关三相传动轴外部的盖板，如图 3-64 所示，然后电动操作隔离开关、接地开关，发现接地开关相间传动轴与 B 相传动大齿轮传动失效，即电动操作时电机带动相间传动轴转动，B 相传动大齿轮未随着一起旋转，与传动轴间打滑，A、C 相传动大齿轮转动正常。

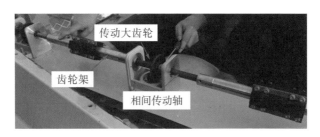

图 3-64　2436 隔离开关三相传动轴

（3）齿轮基座解体。

脱开传动大齿轮与传动轴的连接后，发现传动轴上有两个平键，一个与传动大齿轮连接，已被剪断，其中一半卡在传动轴的卡槽内，另一半卡在传动大齿轮的卡槽内；另一个与轴承连接，该平键完好，如图 3-65 和图 3-66 所示。

（4）平键检测。

对断裂的平键进行宏观检测、成分检测、金相组织检测、硬度检测、扫描电镜检测等，其结论如下。

对平键断口的形貌分析表明，该平键断裂为塑性剪切断裂，直接破坏原因为承受的剪切应力超过了材料抗剪切强度。

图 3-65　解体后的齿轮基座

图 3-66　解体后大齿轮与传动轴

对失效平键的硬度、金相分析表明，该平键硬度远低于厂家质量证明要求的 HRC20-30，其硬度接近退火状态，金相检查证明其金相组织符合退火状态组织特征。该平键在制造过程中最终热处理状态为退火，未进行厂家规定的调质处理。45 钢退火状态的抗拉强度将远低于调质状态。厂家不规范的热处理是造成平键断裂的主要原因。

3. 故障原因分析及处理措施

(1) 故障原因分析。

初步怀疑是接地开关相间传动轴与 B 相传动大齿轮传动失效，在倒闸操作时，B 相接地开关动、静触点未分开，送电时带地刀合断路器，造成线路单相金属性接地故障。

本次故障的直接原因是：2436 隔离开关 B 相传动大齿轮与传动轴之间的连接平键硬度不满足厂家设计要求，导致平键的许用剪切应力大幅下降，在分合闸阻力增大的情况下，平键发生断裂。

间接原因是：该型 GIS 产品隔离开关、接地开关传动部件设计不合理，当其 A、B、C 三相中有一相卡涩甚至卡死时电机继续转动，致使平键所承受的剪应力大于许用剪切应力，导致平键剪切断裂，而其他厂家同样结构的 GIS 设备设计是当一相卡死情况下，电机会堵转，不会剪断平键。

(2) 处理措施。

对硬度不满足要求的平键进行更换；对传动部件设计进行整改，满足当 A、B、C 三相中有一相卡涩甚至卡死时，电机会堵转，消除隔离开关、接地开关存在误动的风险。

3.11　GIS 母线导电杆接触不良故障

1. 故障情况简介

2016 年 10 月 3 日，某变电站 220kVⅡ段母线第一、二套母线差动保护动作，245 断路器、246 断路器、202 断路器、母联 212 断路器跳闸，220kVⅡ段母线失压。

2. 故障检查情况

(1)故障位置确认。

故障发生后，供电局试验人员立即展开了 220kV GIS 设备Ⅱ段母线的所有气室 SF₆气体微水检测和分解产物检测，检测结果为位于Ⅱ段母线 201 间隔上方气室(GM24 气室)气体异常，其他气室正常。

(2)开盖检查。

对 GIS 故障气室进行了开盖检查，发现故障气室内部情况如图 3-67 所示。

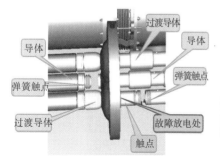
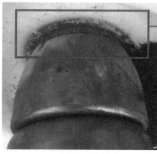

图 3-67　故障气室内部情况

①GM24 气室与 GM25 气室之间的密封盆式绝缘子凹面处(位于 GM24 气室)发生放电。

②盆式绝缘子凹面存在大量烧黑现象。

③C 相盆式绝缘子触点部分和导杆连接滑动件有明显的电弧烧伤痕迹。

④波纹管内壁存在明显的放电灼伤痕迹。

⑤用乙醇擦去盆式绝缘子表面碳化黑色粉尘后，盆式绝缘子表面颜色均匀，盆式绝缘子沿面无明显放电通道。

⑥C 相触点即使拆卸了紧固螺栓，仍不能与盆式绝缘子分离，说明 C 相触点已与盆式绝缘子内嵌导体熔焊在一起。

⑦检查中没有发现其他异常情况(如存在异物或其他部件松动等)。

(3)触点座紧固螺栓检查。

对触点座紧固情况进行检查发现，三相触点座的紧固螺栓均无划线痕迹。对比 C 相的紧固螺栓与正常 A、B 相的紧固螺栓，C 相螺栓上半部分和垫片存在烧蚀污秽，C 相螺栓下半部分清洁干净，与 A、B 相螺栓相同，没有烧蚀污秽，如图 3-68 所示。

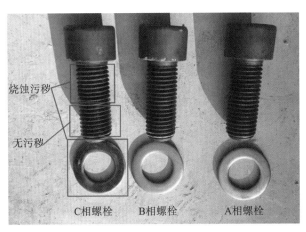

图 3-68 盆式绝缘子触点紧固螺栓

通过厂家提供资料和现场测量，该紧固螺栓为 M20×50 螺钉紧固(螺纹长度为 50mm)，螺钉涂覆厌氧胶后进行力矩紧固，紧固力矩为 215.6N·m，螺栓垫片厚度为 2mm，触点座穿孔厚度为 12mm，盆式绝缘子内嵌导体螺孔深度为 46mm，50mm-2mm-12mm=36mm<46mm，因此螺孔深度可保证螺栓完全紧固插入，如图 3-69 所示。

正常情况下，紧固螺栓插入螺孔的长度应为 36mm，这样才能保证触点座与盆式绝缘子上的内嵌导体可靠连接。故障 C 相紧固螺栓的清洁部分螺纹长度约为 30mm，污秽部分螺纹长度约为 20mm，说明紧固螺栓旋入螺孔内的长度约为

30mm，未旋入螺孔内的长度约为 20mm，比正常情况下的 14mm 多出 6mm 左右，因此可判断故障 C 相的紧固螺栓还有约 6mm 未完全插入内嵌导体的螺孔内，以至于触点座与盆式绝缘子内嵌导体存在约 6mm 的活动间隙。

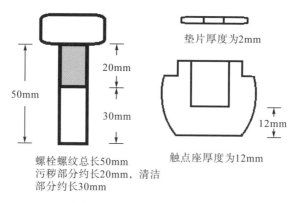

图 3-69　螺栓与触点座示意图

使用高倍镜对拆卸下来的盆式绝缘子及故障 C 相触点座进行检查，发现螺纹孔内部呈现金属色，无涂覆螺栓锁固剂(即厌氧胶)迹象。经与厂家核实，厂家承认该处螺栓装配时未涂覆螺栓锁固剂。

通过查看厂家内控文件发现：紧固螺栓均未涂覆螺栓锁固剂，仅依靠安装时施加预紧力(即打力矩)紧固，无锁紧螺母、弹簧垫圈等措施，并且紧固完成后没有对螺栓打标记。

3. 故障原因分析及处理措施

(1)故障原因分析。

本次故障是由于 C 相盆式绝缘子内嵌导体与触点座接触不良，在运行电流的作用下，该处发热逐渐严重最终造成铝导体烧熔变形，使局部场强发生畸变，造成触点座对伸缩节外壳放电。放电路径为触点座对伸缩节经 SF_6 气体放电，放电通道未经盆式绝缘子表面。

造成导体与触点座接触不良的根本原因是触点座与盆式绝缘子绝缘嵌件的紧固螺栓发生松动，松动的原因可能是出厂时未对螺栓进行紧固、紧固螺栓未进行防松处理。

(2)处理措施。

对故障气室进行检修；加强 GIS 设备的主回路电阻测量试验，并重点关注实测电阻值大于厂家管理值的回路。

3.12　GIS 绝缘拉杆气隙缺陷故障

1. 故障情况简介

2017 年 5 月 9 日，110kV 某变电站 I 回 121 断路器、II 回 133 断路器(供故障变电站负荷的上一级变电站)保护装置动作跳闸，重合闸不成功。造成该变电站全站失压。故障前后该变电站附近及线路通道附近均无雷电发生。

2. 故障检查情况

(1) 故障位置确认。

现场检查 GIS 外观，发现该变电站 1531 隔离开关与 1532 隔离开关之间的波纹管损坏，从 1532 隔离开关往 1531 隔离开关看，波纹管 7 点钟、5 点钟方向被烧穿一个大洞，具体如图 3-70 所示。

图 3-70　故障气室示意图

①打开故障气室，检查气室内的整体情况。1531 隔离开关内部气室受到污染，且#1 通气型盆式绝缘子靠 1531 隔离开关侧，有轻微电弧烧蚀情况；#1 不通气型盆式绝缘子靠 1531 隔离开关侧，有轻微电弧烧蚀情况；#1 通气型盆式绝缘子靠 1532 隔离开关侧，有电弧严重烧蚀情况。波纹管内壁有电弧烧蚀形成的两个洞，内表面有白色附着物。1532 隔离开关内部气室有严重的电弧烧蚀情况，导体、绝缘拉杆、#2 不通气型盆式绝缘子、#3 不通气型盆式绝缘子有严重的电弧烧蚀情况，如图 3-71 所示。

②拆除与#1 通气型盆式绝缘子金属嵌件连接的金属导体，发现金属嵌件与导体连接部位存在烧熔情况，但连接螺栓无松动现象，连接均紧固，对拆下来的连接螺栓进行检查，无烧熔或高温变色现象，因此排除了导体与金属嵌件接触不良的情况；对#1 通气型盆式绝缘子表面进行检查，发现通气型盆式绝缘子表面有电弧烧蚀痕迹，且在电弧烧蚀痕迹处形成浅坑。

#1通气型盆式绝缘子(靠1531隔离开关侧)

(a) 1531隔离开关气室

(b) #1通气型盆式绝缘子
(靠1532隔离开关侧)

波纹管

(c) 波纹管内部

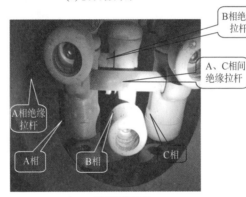

B相绝缘拉杆

A、C相间绝缘拉杆

A相绝缘拉杆

A相　　B相　　C相

(d) 1532隔离开关气室

(e) #2不通气型盆式绝缘子
(1532隔离开关和#2母线筒相连的盆式绝缘子)

图 3-71　故障气室打开后的整体情况

③对 1532 隔离开关内绝缘拉杆进行检查，发现 1532 隔离开关内 A 相绝缘拉杆表面有轻微烧蚀痕迹；A、C 相间绝缘拉杆表面有轻微烧蚀痕迹；B 相绝缘拉杆表面烧蚀严重，且已开裂。从该现象来看，B 相绝缘拉杆可能是内部击穿引起的绝缘拉杆裂开。

④对 1532 隔离开关内的导体进行检查，发现 A 相导体处有严重的电弧灼伤痕迹，且背面导体已经被烧熔；B 相导体与 A 相导体间存在对应的电弧灼伤痕迹，且 B 相导体安装绝缘拉杆处，有严重的电弧灼伤痕迹；A 相导体触点与 C 相导体触点存在对应的电弧灼伤痕迹，如图 3-72 和图 3-73 所示。

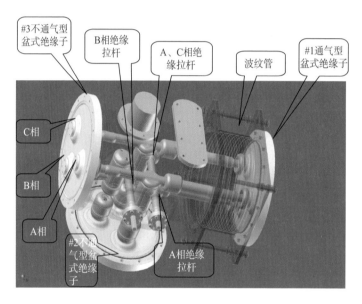

图 3-72　1532 隔离开关内部 3D 示意图

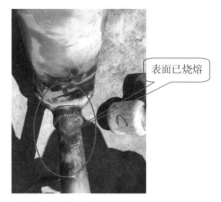

(a) A相导体(左边：正面；右边：背面)

(b) B相导体绝缘拉杆安装处有严重　(c) B相拉杆与A相导体烧蚀对应位置
的电弧灼烧痕迹

图 3-73　1532 隔离开关三相导体烧蚀情况

根据结构来看，B 相绝缘拉杆(烧蚀，开裂处)与 A 相导体(烧熔处)为电弧通道，怀疑此处为故障点。

备注：1532 隔离开关结构布置如图 3-74 所示。A、C 相导体在上侧，B 相导体在下侧；B 相导体与机构通过一根绝缘拉杆(且在 A 相导体正下方，距离为 5～10cm)连接；A 相导体与机构通过一根绝缘拉杆连接，C 相与 A 相则通过一根相间绝缘拉杆连接。

(2) 故障初步分析。

结合故障录波情况及现场解体情况综合分析，怀疑其故障原因为：由 1532 隔离开关 B 相绝缘拉杆缺陷，当 B 相电压达到峰值时(根据故障录波图得知)，B 相导体通过绝缘拉杆对地放电，由于 B 相绝缘拉杆从 A 相导体正下方穿过(距离为 5～10cm)，B 相绝缘拉杆对地放电的电弧向上飘到 A 相导体上，造成 A、B 相短路接地，继而发展成为 A、B、C 三相短路故障。

图 3-74 1532 隔离开关结构布置

通过查阅相关事故分析报告及资料发现，该型号 GIS 已发生过 3 起由于绝缘拉杆导致的绝缘故障。因此怀疑该批次绝缘拉杆存在质量问题。

(3)绝缘拉杆批次问题确认。

经电网公司、厂家商讨决定，将该变电站的所有隔离开关气室的绝缘拉杆进行更换。并随机抽取 20 根更换下来的绝缘拉杆进行检测。

①外观检查：绝缘拉杆外观良好，无绝缘劣化或放电痕迹；绝缘拉杆金属头的工艺孔内均未清理，存在异物。

②X 射线检测：通过 X 射线透视检测发现，部分拉杆存在影像不均匀现象，如图 3-75 所示。

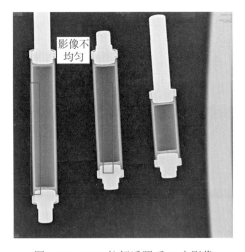

图 3-75 1012 拉杆透照后 X 光影像

③耐压及局部放电试验：耐压（230kV/min）通过的共有 4 根。局部放电（按 DL617 及技术协议，1.2 倍额定相电压下不超过 3pC；即 87kV 电压下，不超过 3pC）有 3 根合格。

④暗室内强光检查：耐压未通过的绝缘拉杆，表面无明显异常。但在暗室内强光检查时，均发现内部存在明显放电通道。

⑤绝缘拉杆解体检查：随机抽取耐压击穿的 1016（B 相）、1011（A 相）、1511（A、C 相之间）进行解体检查，其结果如下。

a. 绝缘拉杆的内外表面均无明显放电痕迹，其放电通道在树脂层间。

b. 取未击穿处进行电子显微镜观察，未发现明显分层现象，如图 3-76 所示。

c. 绝缘拉杆树脂筒与金属头连接部位明显存在接触粗糙、不光滑等情况。

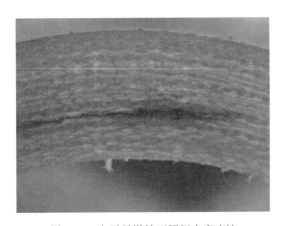

图 3-76　电子显微镜下层间击穿痕迹

3. 故障原因分析及处理措施

(1) 故障原因分析。

结合已发生的 4 起绝缘拉杆事故及本次绝缘拉杆的相关检测，基本可以确定：该批次绝缘拉杆存在质量问题。

①该批次拉杆的树脂筒可能存在制造工艺不良的问题，导致树脂筒内部存在缺陷，在电场作用下易发生局部放电，甚至绝缘击穿故障。

②该批次绝缘拉杆的金属头存在工艺处理不当的问题，存在金属头工艺孔中的异物进入绝缘拉杆内部的风险，导致绝缘拉杆击穿。

③该批次绝缘拉杆的树脂筒与金属头连接工艺存在问题，导致连接处场强集中，存在局部放电，甚至绝缘故障的风险。

(2) 处理措施。

停电更换隔离开关气室的绝缘拉杆。

3.13　GIS 断路器操动机构受潮故障

1. 故障情况简介

2016 年 8 月 23 日,220kV 某变电站 273 断路器主一保护电流差动保护动作、工频变化量阻抗动作、距离 I 段动作;主二保护电流差动保护动作、工频变化量阻抗动作、距离 I 段动作、载波纵联距离动作、载波纵联零序动作,273 断路器跳闸,重合闸未启动。主一保护测距为 51.1km,主二保护测距为 51.4km,故障相别为 B 相。

2. 故障检查情况

(1)雷电情况。

经雷电定位系统核实,2016 年 8 月 23 日早上 5 时 4 分 55 秒,273 断路器所在线路发生单次雷击,距离变电站约 50.2km(雷电定位系统与保护装置时间会存在细微差别)。

(2)保护动作情况。

从保护报文和雷电情况可知:该变电站 220kV 福剑线 B 相发生单相雷击,保护动作,跳开 273 断路器 B 相,但重合闸未启动,约 3.6s 后,三相不一致动作(三相不一致整定时间为 3.5s),跳开 273 断路器 A、C 相。

从故障录波可知,273 断路器跳闸位置共发生 5 次变位,可以看出跳闸位置在整个故障过程中消失约 583ms。

综上所述,造成本次 273 断路器重合闸不正确动作的根本原因是重合闸未正常启动。初步怀疑是由跳闸位置在整个故障过程中消失约 583ms 造成的重合闸放电。

(3)保护装置检查。

①逻辑模拟试验。

根据保护装置相关保护逻辑:当 B 相跳闸位置继电器由 0 置 1 且 B 相无电流时,保护判断 B 相开关跳开;此后该继电器再由 1 置 0 时,保护判断 B 相开关合上,经短延时保护装置放电,保护不再发重合令。

根据此逻辑对装置进行试验,模拟 B 相瞬时故障:在故障发生后 70ms,将 B 相跳闸位置开入给线路保护,在 150ms 将跳闸位置置 0,持续约 500ms,再将跳闸位置置 1,最终 B 相未重合闸(与实际故障过程中跳闸位置变动一致)。

总之,从逻辑模拟试验可知:由于跳闸位置消失持续一段时间,会造成重合闸放电(重合闸不启动)。

②跳闸位置继电器试验。

对 273 断路器操作箱 A、B、C 相跳闸位置继电器进行测试，其功能正常。

(4) 二次回路检查。

根据现场检查实际接线发现，故障录波装置的 273 断路器跳闸位置开入量都是从操作箱 TWJ 接点引入的。由于在主一保护、主二保护、故障录波装置上都记录到跳闸位置消失，在检查现场接线时发现，三套装置的跳闸位置开入量均是从操作箱 TWJ 接点引入的。因此检查应从操作箱、合闸回路方面入手。

合闸回路检查：A 相合闸回路检查正常，对 B 相、C 相合闸回路检查发现，整个回路电阻较大，合闸回路中 C2 至 C3 之间的断路器常闭辅助触点电阻偏大 (6～150Ω)，触点接触不良。C2 至 C3 之间的断路器常闭辅助触点串接在 C 相合闸回路中，造成合闸回路电阻很大。

跳闸回路检查：A 相、B 相分闸回路检查正常，C 相第二组跳闸回路中 E2 至 E3 之间的常开辅助接点电阻偏大，触点接触不良，从而使分闸回路电阻偏大。

跳闸位置监视回路检查：A、C 相跳闸位置监视回路正常，B 相跳闸位置监视回路电阻偏大，B 相跳闸位置监视回路中的断路器常闭辅助触点 (M17-M18) 电阻约为 1kΩ，相比 A、C 相断路器常闭辅助触点电阻值 0.2Ω，偏大 2000 倍。且检查过程中发现，由于机构振动、环境温湿度变化等，该接触电阻会发生明显变化。

由以上检查可知，由于机构振动或环境因素等影响，断路器辅助触点会出现接触不良，从而影响分闸回路、合闸回路和跳闸位置监视回路。

(5) 机构箱检查。

检查发现：①机构箱底部由于受潮，均存在不同程度的锈蚀；②辅助开关有轻微潮气 (手触摸)，二次线套上有轻微水痕；③据供电局反映，由于机构箱原配的加热器除湿效果较差 (当地湿气较重，年平均湿度超过 90%RH)，2016 年 8 月初，供电局将加热器统一换为除湿器 (现场检查发现：机构箱内部湿度几乎保持在 60%～70%RH)，如图 3-77 所示。

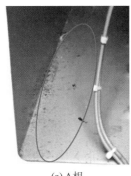　　

(a) A相　　　　　　　　　　(b) B相　　　　　　　　　　(c) C相

图 3-77　机构箱底部锈蚀情况

　　由以上检查可知，该断路器机构箱由于空气湿度较大或受潮，可能已造成辅助开关触点腐蚀。

3. 故障原因分析及处理措施

　　(1)故障原因分析。

　　结合保护动作情况及现场检查情况，273 断路器重合闸不成功的根本原因为：常闭辅助触点接触不良，以致跳闸位置消失，导致重合闸放电。

　　从检查中发现该台断路器由于环境因素、机构箱除湿效果等影响，存在辅助开关受潮、触点出现腐蚀等情况。在机构振动等因素下，断路器辅助触点会出现接触不良，从而影响分闸回路、合闸回路和跳闸位置监视回路，即断路器有可能出现拒分、拒合或重合闸不成功的风险。

　　(2)处理措施。

　　更换受潮的辅助开关；针对机构箱内湿度较大问题，重新核算除湿器功率，并对机构箱除湿方案进行优化、改进。

第4章 隔 离 开 关

4.1 隔离开关抱箍不可靠故障

1. 故障情况简介

故障当天，110kV Ⅱ段母线有检修工作，因此运行人员展开倒母线操作；由于该隔离开关垂直连杆与抱箍紧固方式不合理导致垂直连杆与抱箍间打滑，继而使得合闸操作不到位。重复手动合闸两次后，隔离开关 B 相仍未过死点，进而导致接触不良、接触电阻过大。当负荷增大时，流过隔离开关 B 相的电流增大，使得隔离开关 B 相发热，造成了动、静触点间的线接触产生热熔现象，使得动、静触点间的接触电阻进一步增大，进而又加剧了动、静触点间的线接触热熔现象，如此反复后 B 相静触点间产生火花放电。火花放电产生的大量热量和烟尘在当天西风的作用下飘向 C 相，使得 B、C 相之间绝缘下降。最终导致 1021 隔离开关（GW22A-126 型）B 相静触点软连接一侧对 220kV Ⅰ段母线 C 相放电，B、C 相发生相间短路故障。

注意：1021 隔离开关自投运至今未展开过预防性试验工作，且多年未操作过。

2. 故障检查情况

（1）放电部位查找。

经过查找，发现 1021 隔离开关 B 相静触点软连接一侧存在烧蚀痕迹、B 相静触点上存在烧蚀痕迹、B 相动触点引弧触指顶端烧断，且 220kV Ⅰ段母线 C 相上存在烧蚀点，如图 4-1 所示。

从放电点查找情况来看，应是 1021 隔离开关 B 相静触点软连接一侧对 220kV Ⅰ段母线 C 相放电，该放电造成的弧光和热量导致 1021 隔离开关 B 相动触点引弧触指顶端烧断。1021 隔离开关 B 相静触点上的烧蚀痕迹是由于接触不良造成的。

（2）现场解体情况。

技术人员在现场拆下 1021 隔离开关三相动触点及静触点，并对其进行了解体。A、C 相动触点完好，触指无烧蚀痕迹，动触点内部无锈蚀情况。B 相动触点烧蚀严重，触指一侧有热熔痕迹而另一侧无热熔痕迹（仅有金属喷射痕迹），B 相一侧引弧触指顶端烧断，静触点有烧蚀痕迹，紧固弹簧外观无异常，复位弹簧外观无异常，动触点底部有锈蚀，如图4-2所示。

(a) 1021隔离开关B相静触点软连接一侧
存在烧蚀痕迹

(b) 1021隔离开关B相静触点上存在烧蚀痕迹

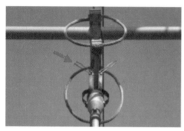

(c) 1021隔离开关B相动触点引弧触指
顶端烧断

(d) 220kV I 组母线C相上存在烧蚀点

图4-1　放电点查找

(a) B相动触点烧蚀严重

(b) B相触指一侧有热熔痕迹而另一侧
无热熔痕迹(仅有金属喷射痕迹)

图4-2　B相动触点现场解体情况

 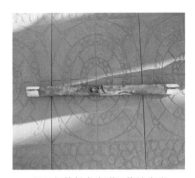

(c) B相引弧触指顶端烧断　　　　　　　　(d) B相静触点有明显烧蚀痕迹

图 4-2　续

3. 故障原因分析及处理措施

(1) 故障原因分析。

经检查发现 1021 隔离开关垂直连杆与抱箍之间有滑动现象,导致这种现象的原因主要是抱箍仅有一面与垂直连杆接触,另一面采用圆形抱夹紧固;顶丝采用平顶丝,而不是紧固能力更好的锥形顶丝。在 10211 隔离开关合闸操作后,A、C相动触点与静触点接触无异常,但 B 相动触点与静触点接触不良,B 相动触点仅有一侧触指与静触点接触,而另一侧完全未接触到静触点。

经分析,认为本次故障原因为:1021 隔离开关垂直连杆与抱箍紧固方式不合理,导致合闸不到位,进而使得 B 相动、静触点接触不良产生火花放电,其产生的热量及烟雾导致 B、C 相之间绝缘下降,最终导致 B、C 相之间短路故障。

(2) 处理措施。

全面检查同厂家同型号的隔离开关垂直连杆与抱箍间是否有打滑现象,如果有则进行处理。待打滑现象全部处理完毕后对同厂家同型号的全部隔离开关垂直连杆与抱箍紧固位置进行标记。对触点夹紧力测试、多次合闸操作等试验结果不合格的进行处理。每次隔离开关操作后,建议对隔离开关合闸到位情况进行检查,若发现有合闸不到位的情况应及时处理。运行人员应对站内同厂家同型号的所有隔离开关加强巡视及红外测温工作。

4.2　隔离开关机械闭锁故障

1. 故障情况简介

某变电站预试定检完成后,对相应的接地开关(GW27-252DW 型)进行分闸操作过程中，操作人员发现手动分开接地开关(手动操动机构)时，该隔离开关触点向合闸方向运行。

2. 故障检查情况

现场检查发现，接地开关操动机构垂直连杆顶端与隔离开关机械闭锁扇形连板边缘错位、隔离开关 B 相支持绝缘子底部机械闭锁连板重叠、隔离开关 B 相水平连杆固定螺栓有松动位移、隔离开关三相间水平连杆端部有轻微弯曲，如图 4-3 所示。

(a) 闭锁扇形连板边缘错位

(b)水平连杆固定端螺栓有松动位移

(c) 三相间水平连杆部有轻微弯曲

图 4-3 隔离开关故障检查

3. 故障原因分析及处理措施

(1)故障原因分析。

导致该隔离开关机械闭锁故障的主要原因是由隔离开关 B 相水平连杆端部的

固定螺栓出现松动位移，导致动触点分闸行程增大；当隔离开关进行分闸操作时，电动操动机构对隔离开关有一个较大的动力，此隔离开关 B 相支持绝缘子底部机械闭锁连板"过行程"后，致使本来应处于同一平面相互配合的支持绝缘子底部机械闭锁连板凹弧面边缘与接地开关机械闭锁扇形连板凸弧面重叠卡涩，当进行接地开关分闸操作时，重叠的机械闭锁连板由于摩擦力相互带动运行，出现分开接地开关时隔离开关动触点向合闸位置动作的故障。

(2) 处理措施。

对于此类故障，需拆除接地开关操动机构以上的垂直连杆、机械闭锁扇形连板及三相水平连杆系统，并使用绝缘杆将接地开关三相动触点逐项手动分开；调整并紧固隔离开关 B 相水平连杆出现松动位移的固定螺栓，同时调整机构输出轴起始角度，使连接杆复位；检查隔离开关操动机构箱限位件、行程开关接点及其他配件，检查二次回路装置、机构箱动作电源，电气闭锁装置均正常；试分合隔离开关，保证试分合过程中隔离开关三相同期、三相动静触点接触位置均符合标准要求，恢复接地开关垂直、水平连杆系统，确保接地开关与隔离开关闭锁配合可靠、动作灵活。

4.3　隔离开关动、静触点烧毁故障

1. 故障情况简介

某变电站运行人员按定检预试计划在对 2463、2462 断路器(GW10-252 型)间隔转为检修状态过程中，在同一串 3/2 接线上的 2461 断路器间隔接线的 24611 隔离开关 C 相动、静触点连接处发生拉弧放电，运行人员发现故障后恢复该间隔线路原运行状态，24611 隔离开关 C 相动、静触点连接处拉弧放电现象消失，如图 4-4 所示。

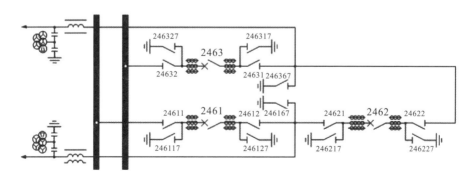

图 4-4　故障隔离开关所在间隔接线图

2. 故障检查情况

检修人员对 220kV 24611 隔离开关外观进行检查，发现 24611 隔离开关 C 相动、静触点明显烧毁，如图 4-5 所示。

动触点烧毁情况

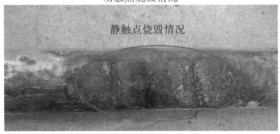

静触点烧毁情况

图 4-5 隔离开关动、静触点烧毁情况

24611 隔离开关 C 相在合闸状态时动、静触点间有间隙，隔离开关合闸不到位。24611 隔离开关三相分合闸不同期，如图 4-6 所示。

合闸状态时动、静触点间存在间隙

合闸状态时 C 相上下导电管位置轻微弯曲

图 4-6 隔离开关合闸不到位情况

24611 隔离开关存在传动机构卡涩现象，如图 4-7 所示。

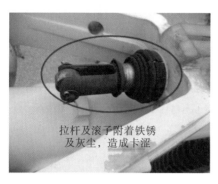

图 4-7　隔离开关传动机构卡涩现象

3. 故障原因分析及处理措施

（1）故障原因分析。

24611 隔离开关维护欠缺，上部导电管传动拉杆受污秽卡涩，传动部件缺乏润滑，造成隔离开关合闸不到位，导致动、静触点接触不良，并存在间隙，在风的吹动下，发生接触或不接触的情况，在 3/2 接线运行方式下故障不明显，当运行方式改变时，发生隔离开关动、静触点拉弧造成动、静触点烧损。

上导电杆滚子上方包裹着防尘罩，其主要目的是防止灰尘进入连接管与上导电管连接的伸缩部位，但由于长期运行，导致防尘罩密封下降，部分灰尘附着在连接管上形成污垢，并引起连接管伸缩卡涩。

动触点是经过齿轮与齿条啮合，进行夹紧运动；旋转支柱绝缘子与下部导电管通过锥形齿轮啮合，使上下臂进行折叠运动，这两个部位由于润滑物质硬化导致传动机构卡涩，使得隔离开关分合闸不到位。

（2）处理措施。

由于 24611 隔离开关动、静触点连接处已明显烧毁，检修人员拆下上部导电管对动触点和静触点防雨罩进行更换，并对拉杆进行清洁处理。同时，上下导电管连接处齿轮与齿条润滑处理，对旋转支柱绝缘子与下导电管间传动锥形齿轮处固化的黄油及灰尘进行处理，换上新润滑油。现场用清洁剂对其他两相动、静触点表面氧化层进行清洁处理，用白布将其擦拭干净。特别注意的是，由于触点表面镀银，禁用铁刷打磨。最后现场对 24611 隔离开关进行三相同期调节，并进行三相导电回路电阻测试，测试结果合格后方可投入运行。

4.4　隔离开关合位时自动分闸故障

1. 故障情况简介

2016 年 11 月 28 日，某变电站一隔离开关(GW10A-126 型)B、C 相触点自行分闸，触点开距约 70mm，导电臂成曲臂状，触点起弧燃烧。

2. 故障检查情况

现场检查静触点烧蚀情况较轻，动触点较重。故障发生后停电，再次对该隔离开关进行分合闸操作，合闸后 A 相正常，B、C 相导电杆能伸直，但动、静触点间有间隙，约 20mm。现场对垂直连杆的抱箍、水平连杆抱箍进行检查，未发现松动的痕迹。在此故障前未发现异常，如图 4-8 所示。

图 4-8　故障隔离开关合位情况

3. 故障原因分析及处理措施

(1)故障原因分析。

在实际操作中，由于机械运动的分散性或传动过程中传动杆的轻微变形，造成隔离开关合闸后滚轮达不到正确合闸状态，使滚轮的位置状态处在图 4-9 所示的位置，这个状态是不稳定的，偶然的外力作用(如风力、过电流产生的电动力、地面的震动等)会导致滚轮向分闸方向滚动，使动、静触点的夹紧力降低，引起动、静触点脱离发生放电。

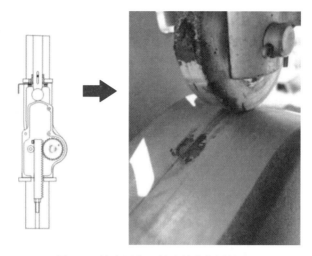

图 4-9　故障隔离开关滚轮的位置状态

在产品设计时,上导电合闸过 2°,下导电合闸过 1°,是用来消除上述原因对导电合闸状态的影响。在对产品进行调试时,由于导电上未设置有效的参考点,使产品达到正确的合闸状态有难度,有时会达不到。

由于隔离开关在操作过程中需通过多级传动,这些运动环固定螺栓轻微松动会造成下导电杆松动,进而导致齿条与齿轮间出现间隙,此时若滚轮的位置不正确,会导致动触点退刀。

(2) 处理措施。

①在隔离开关齿轮盒处增加合闸限位(图 4-10),限位支架利用原齿轮盒上安装孔,卡在齿轮盒一侧,在对产品调试时,以限位螺钉为参考点,保证合闸时上导电杆位置正确。由于该结构相对独立,增加的限位对其他零件没有影响,不会造成其他问题的产生。

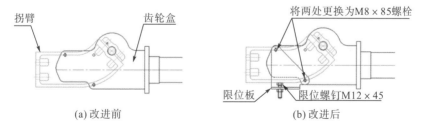

拐臂　　　　　齿轮盒　　　　　　　　　　　　　　将两处更换为M8×85螺栓

　　　　　　　　　　　　　　　　　　限位板　　　限位螺钉M12×45

(a) 改进前　　　　　　　　　　　　　　(b) 改进后

图 4-10　齿轮盒处增加合闸限位

增加限位后,可将上部导电杆合闸位置调整在 90°+2°(竖直后略过)的正确范围内,即滚轮略过齿轮盒坡顶,能够补偿上部导电在遇到较大风力或齿轮箱内齿轮齿条传动间隙向分闸方向产生的偏移。

②为了保证下导电杆的稳定性，对导电基座上的传动结构进行优化，使导电合闸后导电基座拉杆拐臂位置过死点，具备自锁功能，使产品合闸状态更加稳定可靠。通过加装此装置，可有效防止导电基座以下传动部位松动对导电杆合闸状态的影响。

其原理为：将旋转瓷瓶的中心利用传动板平移至导电基座外，形如平行四边形，保证旋转角度不变。此时，过死点所需的三点位置分别是导电基座外侧的旋转中心和拉杆的两端点。导电合闸时，拉杆左端点位于导电基座外侧旋转中心和拉杆右端点连线的内侧，即拉杆左端点过导电基座外侧旋转中心和拉杆右端点连线为过死点位置，如图4-11所示。

(a) 改进前导电基座　　　　　　　　　(b) 改进后导电基座

图4-11　导电基座改进前后

4.5　隔离开关静触点使用铝材故障

1. 故障情况简介

2013年8月19日14时，某220kV变电站值班人员在巡视中检查发现站内1821隔离开关（GW16-126型）和1832隔离开关（GW16-126型）A、B相动、静触点存在烧蚀现象，为防止故障升级导致局部电网解列甚至停电的风险，按照当值调度员指令，停用1821和1832隔离开关，同时加强站内同类型其他11组隔离开关的运行监视。

2. 故障检查情况

(1) 回路电阻检测。

1821隔离开关交接试验与故障发生后现场测试回路电阻值对比如表4-1所示。

表 4-1　故障隔离开关回路电阻测试　　　　　　　　单位：μΩ

项目	A 相回路电阻	B 相回路电阻	C 相回路电阻
现场测试	603.7	1417	93.5
交接试验	145.7	147.1	148.2
厂家要求值	≤170		

(2)动、静触点解体检查。

隔离开关接触部位检查情况如表 4-2 所示。

表 4-2　隔离开关接触部位检查情况

A 相	塞尺塞进 3 条线，1 条塞不进	据设备运维单位相关规程规范要求 线接触部位 0.05mm×10mm 塞尺检查塞不进；触点镀银层表面完整，无脱落
	触点镀银层表面脱落	
B 相	接触面有烧蚀孔洞	
	触点镀银层表面脱落	
C 相	4 条线塞尺均塞不进	
	触点镀银层表面脱落	

隔离开关烧蚀检查情况如表 4-3 所示。

表 4-3　隔离开关烧蚀检查情况

A 相静触点 (单位：mm)	烧蚀 4 个点，尺寸分别为 8×8×1、8×11×3、15×14×2、14×14×2	A 相动触点 (单位：mm)	烧蚀 3 个点，尺寸均为 14×1
B 相静触点 (单位：mm)	烧蚀 22×22 孔洞一个，其余两个烧蚀点尺寸分别为 32×20×4、33×19×4	B 相动触点 (单位：mm)	烧蚀 4 个点，尺寸分别为 29×4、70×2、37×3、37×4.
C 相静触点 (单位：mm)	烧蚀两个点，尺寸分别为：24×5×4、18×9×3	C 相动触点 (单位：mm)	烧蚀两个点，尺寸分别为 15×2、22×3

同时，经过重量比较和打磨后发现，发生故障的隔离开关静触点杆为铝合金材质，动触点为紫铜材质，如图 4-12 和图 4-13 所示。

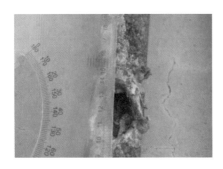

图 4-12　B 相静触点杆烧蚀孔洞　　　　图 4-13　B 相动触点烧蚀孔洞

3. 故障原因分析及处理措施

(1) 故障原因分析。

①由于 1821 隔离开关三相静触点表面均匀布满粗砂布状麻点，且观察站内运行的该批次隔离开关均存在该现象，初步判断粗砂布状麻点是由于隔离开关在分合过程中铝合金触点杆熔点较低或触点杆表面所镀材料质量不合格被电弧烧伤所致。

②通过回路电阻测试与塞尺检查 C 相动、静触点接触较好，均达到标准要求，但是导电接触面仍然出现烧蚀情况，判断隔离开关夹紧情况合格。

③隔离开关运行一段时间后动、静触点接触面材料被损伤后演变为动触点的铜接触面与静触点的铝接触面的铜铝接触，接触电阻增大，加速了触点的损伤。

④由于现场不具备动触点夹紧力检查条件，不排除烧蚀是由于夹紧力不足，接触电阻增大，导致触点烧蚀的可能。

⑤通过查阅资料，隔离开关静触点不符合设备运维单位相关规程规范，即隔离开关各部件技术参数指标中动、静触点材料使用紫铜板 T2Y 的要求。

(2) 处理措施。

对现运行的该型号批次隔离开关静触点更换为符合要求的紫铜材质，动触点由于烧蚀情况无静触点严重，检查后按要求根据烧蚀情况进行修复或更换。

4.6　隔离开关轴承断裂故障

1. 故障情况简介

2013 年 2 月 27 日，某 500kV 变电站 54532 隔离开关(GW35/36-550 型)A 相小拉杆损坏，不能进行分合闸操作，断裂部位为拉杆的轴套部位，如图 4-14 所示。

图 4-14　隔离开关小拉杆断裂

2. 故障检查情况

(1) 成分分析。

据厂家介绍，拐臂的设计材质为不锈钢，但不清楚具体牌号。采用直读式光谱仪分别在轴套外弧面和螺杆端部对其进行成分检测，检测结果如表 4-4 所示。

表 4-4　材质成分测试　　　　　　　　　　　　　　　　　　单位：%

	Ni	Cr	Fe
外弧面	10.03	18.05	69.0
螺杆端部	8.66	18.44	70.55

参照《高压锅炉用无缝钢管》(GB 5310—2008)，轴套的主要成分符合典型的 18-8 型铬镍奥氏体不锈钢，这是常用的不锈钢材质，从成分来看，其材质符合设计要求。

(2) 宏观检查。

拉杆上损坏的轴套如图 4-15 所示，轴套总长 115mm，轴套部位直径 45mm，轴套为一体加工成型，表面光亮，无明显锈蚀、氧化。

断口与拉杆呈上下 45°(图 4-15 中的断口 1、断口 2)，在轴套上还有两处未完全断开的裂纹(裂纹 1、裂纹 2)，其中上弯外弧还有多处表面裂纹，编为裂纹 3、裂纹 4(图 4-16 和图 4-17)，内弧面则裂纹很少。

断口 1 和断口 2 相似，均无明显的裂纹源，裂纹呈由轴套外表面开始向内壁发展的脆性断裂特征。

　　断口 1 和断口 2 的断面上大部分覆盖有黄色的沉积和氧化产物，将裂纹 1 和裂纹 2 打开后，发现轴套已经大部分断裂，只有小部分粘连。断口上同样也覆盖有黄色的沉积和氧化产物，表明已经开裂了较长时间(图 4-18 和图 4-19)，后经能谱检查，断口上的黄色产物主要为氧化铝、氧化硅、氧化钙等。

　　断口 3 向外弯折，未完全断裂，分析认为断裂过程为机构动作过程中断口 1 部位先断裂，并使断口 3 向外弯折，断口 2 部位同时受力，最终在断口 2 部位也断裂，因此扫描电镜观察断裂主要取初始断口 1 和污染较少的次生裂纹 2 进行分析。

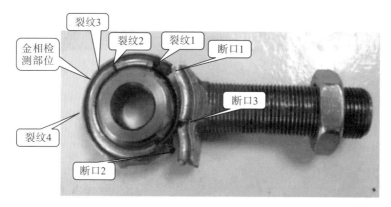

图 4-15　断裂的拉杆轴套

图 4-16　图 4-15 中的裂纹 4

图 4-17　图 4-15 中的轴套外壁裂纹

图 4-18　轴套断口 1

图 4-19　打开裂纹 2 后的轴套断口

（3）扫描电镜分析。

对断口 1 进行扫描电镜观察，断口表面的产物主要为氧化硅、氧化铝和氧化钙，这些都是常见的氧化和污染物，未观察到与 18-8 型铬镍奥氏体不锈钢应力腐蚀相关的典型腐蚀产物，也未见明显的夹杂物。

因裂纹 2 尚未完全断开，后期的污染相对较少，将裂纹 2 打开后在靠近外壁的裂纹源附近进行电镜观察和能谱扫描。断口呈明显的解理断裂特征，断口表面较干净，从检测结果得出，断口表面总体较干净，断口表面的产物也是少量的氧化硅、氧化铝和氧化钙。在靠近外壁的裂纹起始部位未观察到明显的夹杂物。

（4）夹杂物检查。

在裂纹 2 附近沿横截面截开进行非金属夹杂物检查，经抛光后进行观察，断面上无明显夹杂物，总体未见异常。

（5）金相检查。

将进行非金属夹杂物检查的截面经化学腐蚀后可以看到，金相组织为正常的奥氏体，但整个截面上晶粒大小不均，靠心部晶粒粗大，靠外表面晶粒细小，如图 4-20～图 4-22 所示。

在铸造冷却的过程中由于截面上各处冷却速度不同，不同部位晶粒的长大速度也不一样，没有经过恢复和再结晶对轴套的晶粒进行处理，最后就会形成晶粒内外大小不均的形态，因此晶粒分布呈显著的铸造组织特征。

铸造会使材料具有各向异性，导致某些方向的强度降低，通过锻造工艺可以使晶粒的大小和分布均匀，组织更加致密，从而具有更好的力学性能。

靠近表面的晶粒之间形成了众多的微小裂纹，裂纹已延伸至外表面，在外表面形成了大量的龟裂状沿晶裂纹，如图 4-23 所示。

晶粒间和表面的裂纹都是沿晶裂纹，说明裂纹的产生主要和内部应力有关。若是单纯受到外部的拉应力，则裂纹一般是穿晶裂纹。

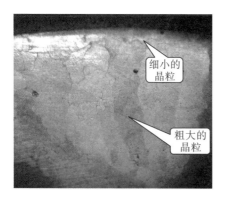

图 4-20 轴套横截面的金相组织

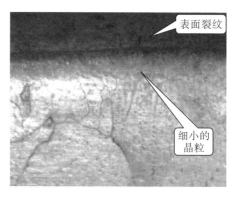

图 4-21 轴套横截面近外壁处

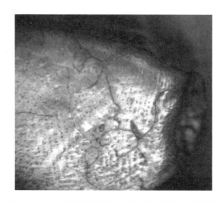

图 4-22 靠近表面的晶粒间已经形成沿晶裂纹

图 4-23 轴套外壁的龟裂状沿晶裂纹

3. 故障原因分析及处理措施

(1)故障原因分析。

综合分析，断裂的轴套化学成分未见明显异常。在断面上金相检查也未发现超标的夹杂物。通过电镜扫描和能谱观察，断口上主要呈现解理特征，说明断口上为脆性断裂，在断口上通过能谱检测未发现易导致轴套产生应力腐蚀的腐蚀产物及应力腐蚀通常具有的泥状花样，可排除因应力腐蚀导致开裂的原因。断面和开裂部位众多的氧化和腐蚀产物说明已经开裂较长时间。电镜和 100 倍光学显微镜下均未在断面上观察到异常的非金属夹杂物，说明断裂和非金属夹杂物的含量无明显关系。通过金相检查发现，该轴套应为铸造工艺生产，轴套表面大量的沿晶裂纹表明裂纹产生的主要原因为内部应力，这些应力是在制造过程中就遗留的。

综合上述分析，轴套的断裂原因为：由于制造过程中遗留的内部应力在轴套表面产生了裂纹，加之制造工艺不佳降低了轴套的强度，在隔离开关动作过程中沿表面裂纹部位产生了脆性开裂，裂纹发展并最终导致轴套断裂。

(2) 处理措施。

对于在 2012 年以前生产的该类型隔离开关(包括相关隔离开关)导电底座关节轴承进行排查，凡铸造成型的关节轴承要更换成锻造成型的关节轴承，并按要求将刀闸调试到位。

4.7 隔离开关一侧脱位故障

1. 故障情况简介

隔离开关(GW6-220 型)C 相动、静触点在运行中一侧脱位，剪形刀口一侧与静触点连接，另一侧脱位。发现故障时对隔离开关动、静触点处进行红外测温，测温结果为：A 相 19℃、B 相 24℃、C 相 23℃。同时该间隔负荷为 77MW，电流如表 4-5 所示。

表 4-5 故障发生间隔负荷电流 单位：A

时间	A 相电流	B 相电流	C 相电流
19:00	201.09	188.09	191.60
20:00	185.27	183.16	184.22
21:00	161.72	157.15	159.61

2. 故障检查情况

隔离开关 C 相剪刀口动触点一侧已离开静触点，静触点已变形，轻微歪斜，隔离开关剪刀架底座处水平传动连杆断裂一根，如图 4-24 和图 4-25 所示。

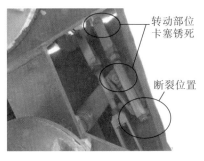

图 4-24 隔离开关剪刀架底座处水平传动连杆断裂情况

图 4-25 隔离开关剪刀架底座处断裂水平传动连杆拆卸图

3. 故障原因分析及处理措施

(1)故障原因分析。

导致该隔离开关故障的主要原因是：连杆锈蚀较为严重，连杆两侧的转向轮已锈蚀不能动作，隔离开关在分、合闸时由于转向轮不动作，导致连接杆被折断。

(2)处理措施。

更换隔离开关水平传动连杆，并对隔离开关静触点烧伤痕迹进行打磨处理。

参 考 文 献

[1] 许婧, 王晶, 高峰, 等.电力设备状态检修技术研究综述[J]. 电网技术. 2000(08):48-52.

[2] 施卫华, 阮宁晖, 王进. 高压开关电器的发展及应用[J]. 昆明冶金高等专科学校学报. 2005(05):45-51.

[3] 李建基. 特高压、超高压、高压、中压开关设备实用技术[M]. 北京：机械工业出版社, 2011.

[4] 黎斌.SF$_6$高压电器设计[M]. 北京：机械工业出版社, 2003.

[5] 林莘. 现代高压电器技术[M]. 北京：机械工业出版社, 2002.

[6] 李建基. 高中压开关设备实用技术[M]. 北京：机械工业出版社, 2001.

[7] 王晋根.72.5kV 及以上高压开关设备的市场状况及发展趋势分析[J]. 电器工业, 2010(01):18-22.

[8] 张怀宇, 朱松林, 张扬, 等. 输变电设备状态检修技术体系研究与实施[J]. 电网技术, 2009(13):70-73.

[9] 齐占庆, 王振臣. 电气控制技术 [M]. 北京:机械工业出版社, 2002.

[10] 熊信银. 发电厂电气部分[M]. 北京:中国电力出版社, 2009.

[11] 戈东方. 电力工程电气设计手册 第 1 册, 电气一次部分[M]. 北京:中国电力出版社，1989.

[12] 王仁祥. 电力新技术概论[M]. 北京:中国电力出版社, 2009.

[13] 傅知兰. 电力系统电气设备选择与实用计算[M]. 北京:中国电力出版社, 2004.

[14] 周惠兵. 高压开关电器设备常见故障及其处理措施[J]. 中国科技信息, 2014(23):155-156.

[15] 杜中华. 高压开关设备故障分析及处理措施研究[J]. 中国高新技术企业, 2016(34):79-80.

[16] 谷明虎. 户外高压开关故障分析及整改措施[J]. 科技创新导报, 2012(29):66

[17] 林其雄, 李刚. 高压断路器液压机构故障诊断及处理[J]. 高电压技术, 2001(S1):79-80.

[18] 清华大学高压教研组. 高压断路器[M]. 北京：水利电力出版社, 1978.

[19] 华东电业管理局. 高压断路器技术问答[M]. 北京: 中国电力出版社, 1997.

[20] 梁保荣. 高压断路器故障分析与处理[J]. 科技与企业, 2015(16):246.

[21] 徐建源, 司秉娥, 林莘, 等. 特高压 GIS 中隔离开关的电场及参数计算[J]. 高电压技术, 2008(07):1324-1329.

[22] 李建基. 高压气体绝缘金属封闭开关设备的发展[J]. 农村电气化, 2007(11):57-59.

[23] 张文亮, 张国兵. 特高压 GIS 现场工频耐压试验与变频谐振装置限频方案原理[J]. 中国电机工程学报, 2007(24):1-4.

[24] 张晶.220kV GIS 设备有限元结构分析与结构改进[D]. 济南: 山东大学, 2016.

[25] 李建基.800kV 气体绝缘金属封闭开关设备(GIS)[J]. 电气制造, 2009(08):14-15.

[26] 牛虎明. 气体绝缘金属封闭开关设备(GIS)的各种优化设计[J]. 电器工业, 2007(05):54-56.

[27] 李建基.126kV 气体绝缘金属封闭开关设备(GIS)[J]. 电气制造, 2007(07):44-47.

[28] 冯庆东, 韩先第.1000kV 气体绝缘金属封闭开关设备[J]. 电力设备, 2005(04):23-25.

[29] 蒋钢. 气体绝缘金属封闭开关设备的特点、原理及运行[J]. 水电站设计, 2007(02):77-80.

[30] 袁林, 廖怀东, 韦未. 气体绝缘金属封闭开关设备安装要领及异常分析[J]. 电力建设, 2007(07):77-80.

[31] 米尔萨德·卡普塔诺维克. 高压断路器：理论、设计与试验方法[M]. 王建华, 闰静, 译. 北京：机械工业出版社, 2015.

[32] 郑晓琼, 戚矛, 王鹏辉, 等. 高压隔离开关常见异常及处理[J]. 自动化应用, 2017(05):113-115.

[33] 凌颖, 赵莉华, 林显, 等. 高压隔离开关电触点性能改善探讨[J]. 高压电器, 2010(08):101-105.

[34] 刘爱民. 高压隔离开关操动电机的调速控制技术研究[C]//中国电工技术学会大电机专业委员会. 中国电工技术学会大电机专业委员会 2014 年学术年会论文集. 中国电工技术学会大电机专业委员会:中国电工技术学会, 2014:5.

[35] 陶发年, 邓文欣. 高压隔离开关技术的发展现状分析[J]. 通信世界, 2013(17):85-87.

[36] 王志高, 付裕. 高压隔离开关常见缺陷分析与处理[J]. 通信电源技术, 2018(01):169-170.

[37] 凌铁勇, 吴婷. 高压隔离开关的验收、维护及故障检修[J]. 低碳世界, 2016(36):94-95.

[38] 吴安顺. 高压隔离开关常见故障的分析及处理探析[J]. 中国新技术新产品, 2017(07):56-57.

[39] 郑锡挺. 户外高压隔离开关常见故障及处理措施[J]. 通信世界. 2017(06):236.

[40] 郑灵. 高压隔离开关故障及检测技术研究[J]. 低碳世界, 2018(12):14-15.

[41] 邱志斌, 阮江军, 黄道春, 等. 高压隔离开关机械故障分析及诊断技术综述[J]. 高压电器, 2015, 51(08):171-179.